令和6年4月1日施行

●大型貨物自動車等の高速道路での最高速度の見直し

高速自動車国道の本線車道において、大型貨物自動車、特定中型貨物自動車（三輪のものを除く）の法定最高速度が時速80キロメートルから時速90キロメートルに引き上げられました。

※特定中型貨物自動車…
車両総重量8トン以上11トン未満、最大積載量5トン以上6.5トン未満の貨物自動車をいいます。

令和5年7月1日施行

① 特定小型原動機付自転車（電動キックボード等）の新設

車体の大きさや構造等が一定の基準に該当する原動機付自転車は「特定小型原動機付自転車」とされ、自転車と同様の交通ルールが定められました。運転免許は必要なく、16歳以上で運転できます。

② 規制標識・標示の名称変更　※赤文字は変更箇所を示します。

二輪の自動車・一般原動機付自転車通行止め	特定小型原動機付自転車・自転車通行止め	特定小型原動機付自転車・自転車専用	普通自転車等及び歩行者等専用	特定小型原動機付自転車・自転車一方通行

一般原動機付自転車の右折方法（二段階）	一般原動機付自転車の右折方法（小回り）	特例特定小型原動機付自転車・普通自転車歩道通行可	特例特定小型原動機付自転車・普通自転車の歩道通行部分
		歩道	歩道

JN099073

③ 原動機付自転車の名称変更

原付免許で運転できる原動機付自転車は、名称「~~特定小型原動機付自転車~~」に変更されました。

※本書は、原動機付自転車のまま掲載しています。あらかじめご了承ください。

① 移動用小型車・遠隔操作型小型車(自動配送ロボット等)の新設

原動機を用いた小型の車で車体の大きさや構造等が一定の基準に該当するものは「移動用小型車」、その車を遠隔操作で通行させるものは「遠隔操作型小型車」とされ、歩行者同様の交通ルールが定められました。

遠隔操作型小型車

② マーク、補助標識の新設

移動用小型車標識 (マーク)	遠隔操作型小型車標識 (マーク)	遠隔操作型小型車 (補助標識)	
		遠隔小型	遠隔小型を除く
		本標識が示す対象は遠隔操作型小型車に限るか除くかを示す	
移動用小型車であることを示す	遠隔操作型小型車であることを示す	※移動用小型車や遠隔操作型小型車を道路において通行させる人は、左記のマークを表示しなければなりません。	

③ 規制標識の名称変更　※赤文字は変更箇所を示します。

自転車及び歩行者等専用	歩行者等専用	歩行者等通行止め	歩行者等横断禁止
		通行止	わたるな

① 大型免許、中型免許、第二種免許の受験資格の見直し

大型免許、中型免許、第二種免許について、特別の教習を修了すれば、19歳以上で運転経験1年以上であれば受験できるようになります。

※「特別の教習」とは、公安委員会から認定を受けた教習所等で行う「受験資格特例教習」をいいます。

② 自動車(四輪車)の積載制限の見直し

自動車の積載物の大きさや積載方法についての制限が緩和されます。

積載制限		改正前	改正後
積載物の 大きさの制限	長さ	自動車の長さ×1.1以下	自動車の長さ×1.2以下
	幅	自動車の幅以下	自動車の幅×1.2以下
積載の方法 の制限	長さ	自動車の長さ+長さの10分の1まで	自動車の長さ+前後にそれぞれ長さの10分の1まで
	幅	自動車の幅まで	自動車の幅+左右にそれぞれ幅の10分の1まで

道路標識・道路標示

● 道路標識の分類と意味

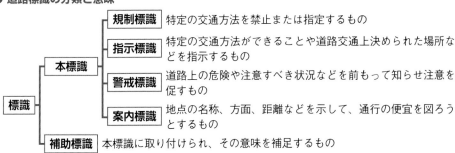

		規制標識	特定の交通方法を禁止または指定するもの
標識	本標識	指示標識	特定の交通方法ができることや道路交通上決められた場所などを指示するもの
		警戒標識	道路上の危険や注意すべき状況などを前もって知らせ注意を促すもの
		案内標識	地点の名称、方面、距離などを示して、通行の便宜を図ろうとするもの
	補助標識		本標識に取り付けられ、その意味を補足するもの

● 道路標示の分類と意味

	規制標示	特定の交通方法を禁止または指定するもの
標示	指示標示	特定の交通方法ができることや道路交通上決められた場所などを指示するもの

（〇：できる行為　✕：できない行為　を示す）

規制標識

通行止め	車両通行止め	車両進入禁止	二輪の自動車以外の自動車通行止め	大型貨物自動車等通行止め	特定の最大積載量以上の貨物自動車等通行止め	大型乗用自動車等通行止め
✕歩行者や車両の通行　✕路面電車の通行	✕車両の通行	✕標識方向からの車両の進入（一方通行の出口などにある）	〇二輪の自動車の通行　✕その他の自動車の通行	✕大型貨物自動車の通行　✕車両総重量8トン以上の中型貨物自動車の通行　✕大型特殊自動車の通行	✕補助標識が示す積載量以上の貨物自動車の通行	✕大型・中型乗用自動車の通行

二輪の自動車・一般原動機付自転車通行止め	自転車以外の軽車両通行止め	特定小型原動機付自転車・自転車通行止め	車両（組合せ）通行止め	車両横断禁止	転回禁止	追越しのための右側部分はみ出し通行禁止
✕二輪の自動車（大型自動二輪車・普通自動二輪車）の通行　✕原動機付自転車の通行	〇自転車（普通自転車）の通行　✕リヤカー、荷車など自転車以外の軽車両の通行	✕自転車（普通自転車）の通行	✕自動車と原動機付自転車の通行（この場合に限る）	✕車両の横断	✕車両の転回	✕右側部分にはみ出す追い越し　〇右側部分にはみ出さない追い越し

タイヤチェーンを取り付けていない車両通行止め	指定方向外進行禁止					
✕チェーン未着車	〇直進、左折　✕右折	〇左折　✕直進、右折	〇直進　✕右折、左折	〇右折、左折　✕直進	〇指定方向の進行　✕指定方向外の進行	

規制標識

追越し禁止	駐停車禁止	駐車禁止	駐車余地	時間制限駐車区間	危険物積載車両通行止め	重量制限
✕車両の追い越し	✕駐車 ✕停車	✕駐車 ○停車	✕補助標識の駐車余地に満たない車両の駐車 ○補助標識の駐車余地以上の車両の駐車	○標識の時間制限内の駐車 ✕標識の時間制限を超える駐車	✕火薬類、爆発物、毒物、劇物などの危険物積載車両の通行	✕標識の重量制限を超える車両の通行
高さ制限	最大幅	最高速度	特定の種類の車両の最高速度	最低速度	自動車専用 <small>高速自動車国道と自動車専用道路の指定</small>	特定小型原動機付自転車・自転車専用
✕標識の高さ制限を超える車両の通行	✕標識の最大幅を超える車両の通行	✕標識の最高速度を超える速度での通行	✕表示車両が標識の最高速度を超える速度で通行すること	✕標識の最低速度に満たない速度での通行	○自動車（一部を除く）の通行 ✕歩行者、原動機付自転車、自転車の通行	○自転車（普通自転車）の通行 ✕歩行者、原動機付自転車、自動車の通行
普通自転車等及び歩行者等専用	歩行者等専用	一方通行	特定小型原動機付自転車・自転車一方通行	車両通行区分	特定の種類の車両の通行区分	けん引自動車の高速自動車国道の通行区分
○自転車（普通自転車）の通行、歩行者の通行 ✕自動車、原動機付自転車の通行	○歩行者の通行	○矢印方向からの車両の通行 ✕逆方向からの車両の通行	○矢印方向からの自転車の通行 ✕逆方向からの自転車の通行	車両の通行区分を示す（この標識は軽車両と二輪車の通行区分を示す）	特定の種類の車両の通行区分を示す	けん引自動車の高速自動車国道の通行区分を示す
専用通行帯	路線バス等優先通行帯	けん引自動車の自動車専用道路第一通行帯通行指定区間	歩行者等通行止め	歩行者等横断禁止	大型自動二輪車及び普通自動二輪車二人乗り通行禁止	環状の交差点における右回り通行
路線バス等の専用通行帯を示す ✕路線バス等以外の車両の通行（一部を除く）	路線バス等の優先通行帯を示す ○路線バス等以外の車両の通行	けん引自動車の自動車専用道路第一通行帯の通行指定区間を示す	✕歩行者の通行 ○車両の通行	✕歩行者の横断	✕二輪の自動車（大型自動二輪車・普通自動二輪車）の二人乗り通行	環状交差点で、車は右回りに通行する

進行方向別通行区分

第一　第二　第三			一般原動機付自転車の右折方法（二段階）	一般原動機付自転車の右折方法（小回り）	一時停止	警笛鳴らせ
○第一通行帯＝左折、直進 ○第二通行帯＝直進 ○第三通行帯＝右折	○直進、左折 ✕右折	○左折 ✕直進、右折	○二段階右折 ✕小回り右折	○小回り右折 ✕二段階右折	○標識の手前で一時停止する	○警笛を鳴らす

警笛区間	徐行	前方優先道路	平行駐車	直角駐車	斜め駐車	
警笛を鳴らす区間	○すぐに停止できる速度で通行する	○前方道路の通行を妨げないように徐行する	駐車時、路端に対して平行に止める	駐車時、路端に対して直角に止める	駐車時、路端に対して斜めに止める	

指示標識

並進可	軌道敷内通行可	駐車可	停車可	優先道路	中央線	停止線
○自転車が並んで通行すること（2台まで）	○軌道敷内の車両通行	○駐車	○停車	標識の道路が優先道路であることを示す	標識の位置が中央線であることを示す	標識の位置が停止線であることを示す

横断歩道		自転車横断帯	横断歩道・自転車横断帯	安全地帯	規制予告
					指定された車両通行帯で、前方で標示板に表示されている交通規制が行われていることの予告
横断歩道を示す		自転車の横断帯を示す	横断歩道・自転車の横断帯を示す	歩行者の安全地帯を示す ✕車両の通行	

警戒標識

十形道路交差点あり	├形(┤形)道路交差点あり	Ｔ形道路交差点あり	Ｙ形道路交差点あり	ロータリーあり	右(左)方屈曲あり	右(左)方屈折あり
前方に十形道路交差点があることを示す	前方に├形(┤形)道路交差点があることを示す	前方にＴ形道路交差点があることを示す	前方にＹ形道路交差点があることを示す	前方にロータリーがあることを示す	前方に右(左)方屈曲があることを示す	前方に右(左)方屈折があることを示す

右(左)背向屈曲あり	右(左)背向屈折あり	右(左)つづら折あり	踏切あり		学校、幼稚園、保育所などあり	信号機あり
前方に右(左)背向屈曲があることを示す	前方に右(左)背向屈折があることを示す	前方に右(左)つづら折があることを示す	前方に踏切があることを示す		前方に学校、幼稚園、保育所などがあることを示す	前方に信号機があることを示す

すべりやすい	落石のおそれあり	路面に凹凸あり	合流交通あり	車線数減少	幅員減少	二方向交通
前方の道路が凍結などですべりやすいことを示す	前方の道路で落石のおそれがあることを示す	前方の路面に凹凸があることを示す	前方に合流交通があることを示す	前方で車線数が減少することを示す	前方で道幅が狭くなることを示す	対面通行の道路（二方向交通）であることを示す

上り急こう配あり	下り急こう配あり	道路工事中	横風注意	動物が飛び出すおそれあり	その他の危険
前方に上り急こう配があることを示す	前方に下り急こう配があることを示す	道路工事中を示す	横風に注意が必要なことを示す	動物が道路に飛び出すおそれがあることを示す	前方にその他の危険があることを示す

案内標識

入口の方向	入口の予告	方面と距離	方面と車線	方面と方向の予告	方面と方向	方面、方向と道路の通称名の予告
高速自動車国道などの入口の方向を示す	高速自動車国道などの入口と距離を予告する	標識の地名までの方向・距離を示す	方面と車線を示す	方面と方向の予告	方面と方向を示す	方面、方向、道路の通称名の予告

方面、車線と出口の予告	方面と出口	出口	サービス・エリア、道の駅の予告	非常電話	待避所	非常駐車帯
方面、車線、出口などの予告	方面と出口を示す	出口を示す	サービス・エリア、道の駅の予告を示す	非常電話の設置場所を示す	待避所を示す案内標識	非常時の駐車帯を示す

登坂車線	駐車場	国道番号		都道府県道番号		道路の通称名
		（一般国道）		（主要地方道）　（一般都道府県道）		
登坂車線を示す。速度の遅い車などは登坂車線を通行する	駐車場を示す	国道番号を示す		都道府県道番号を示す		道路の通称名を示す

傾斜路	乗合自動車停留所	路面電車停留場	総重量限度緩和指定道路
道路に傾斜があることを示す	路線バス等の乗合自動車の停留所を示す	路面電車の停留場（所）を示す	通行する車両の総重量を示す

補助標識

距離・区域	日・時間	車両の種類		通学路	横風注意	注意
この先100m / ここから50m / 市内全域	日曜・休日を除く / 8-20	大　貨　原付を除く		通 学 路	横風注意	注　意
本標識が規制または指示する距離、区域を示す	本標識が規制または指示する日、時間を示す	本標識が規制または指示する車両の種類を示す		通学路を示す	横風注意を示す。トンネルの出口などで見られる	注意を促す補助標識

				踏切注意	動物注意	注意事項
				踏切注意	動物注意	路肩弱し
				踏切通行の注意を促す	動物の飛び出しなどへの注意を促す	注意事項を示す

始まり	区間内・区域内	終わり	規制理由
本標識が表示する交通規制の始まり 　ここから / 区域 ここから	本標識が表示する交通規制の区間内・区域内 　区域内	本標識が表示する交通規制の終わり / ここまで / 区域 ここまで	騒音防止区間 / 歩行者横断多し / 対向車多し
本標識が表示する交通規制の始まりを示す	本標識が表示する交通規制の区間内・区域内を示す	本標識が表示する交通規制の終わりを示す	規制理由を示す補助標識

方向	駐車時間制限
	パーキング・メーター 表示時間まで / パーキング・チケット 表示時間まで
本標識が表示する路線、施設や場所がある方向を示す	パーキング・メーター（チケット）に表示された時刻まで駐車できる

その他の標識（標示板）

信号にかかわらず左折可能であることを示す標示板

つねに左折できることを示す青い矢印の標示板。白い矢印は一方通行の標識

規制標示

転回禁止	進路変更禁止		駐停車禁止	駐車禁止	最高速度
転回禁止を示す。転回禁止の日・時間が示される場合がある	どちら側の交通も進路変更できない	○黄線の側の進路変更 ○白線の側の進路変更	✕駐停車（黄の実線で表示）	✕駐車 ○停車（黄の破線で表示）	最高速度を示す

追越しのための右側部分はみ出し通行禁止				立入り禁止部分	停止禁止部分	路側帯
どちら側の交通も追い越しのための右側部分はみ出し通行禁止	どちら側の交通も追い越しのための右側部分はみ出し通行禁止	✕黄線の側から ○白線の側から	✕黄線の側から ○白線の側から	車両の立ち入り禁止部分を示す	車両の停止禁止部分を示す。信号待ちなどでも停止できない	○歩行者と軽車両の通行 幅が0.75m超の場合は駐停車できる

駐停車禁止路側帯	歩行者用路側帯	特例特定小型原動機付自転車・普通自転車歩道通行可	車両通行帯			
✕駐停車 駐停車禁止路側帯を示す	✕駐停車 歩行者用路側帯を示す	特例特定小型原動機付自転車と普通自転車は歩道を通行できる	（1）ペイントなどによるとき		（2）道路びょうなど	高速自動車国道の本線車道に設けられる車両通行帯
			高速自動車国道の本線車道以外の道路の区間に設けられる車両通行帯			

優先本線車道	車両通行区分	特定の種類の車両の通行区分	けん引自動車の高速自動車国道通行区分	専用通行帯	路線バス等優先通行帯	けん引自動車の自動車専用道路第一通行帯通行指定区画

優先本線車道を示す	車両は指定された車両通行帯を通行しなければならない	特定の指定された車両通行帯を通行しなければならない	けん引自動車は指定された車両通行帯を通行しなければならない	専用通行帯を示す。他の車両は専用通行帯を通行してはならない	他の車両は路線バス等の通行を妨げてはならない	けん引自動車は第一通行帯を通行しなければならない

進行方向別通行区分	終わり	環状交差点における左折等の方法	平行駐車	直角駐車	斜め駐車
		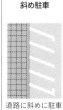			
進行方向によって通行区分に従って通行しなければならない	交通規制の終わりを示す	環状交差点で、車が通行しなければならない部分を示す	道路に平行に駐車する部分であることを示す	道路に直角に駐車する部分であることを示す	道路に斜めに駐車する部分であることを示す

規制標示

右左折の方法

右左折の方法を示す

普通自転車の交差点進入禁止

✘普通自転車の交差点進入

指示標示

横断歩道	斜め横断可1	斜め横断可2	自転車横断帯
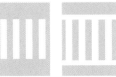			
2種類の横断歩道の標示がある	時間を限定して行う場合。斜め横断歩道の線が途中までしか描かれていない	終日行う場合。斜め横断歩道の線がつながって描かれている	自転車横断帯を示す

右側通行	停止線	二段停止線	進行方向	中央線1	中央線2	前方優先道路
右側を通行することができる	停止線を示す	二輪と四輪など、二段の停止線を示す	矢印で進行方向を示す	道路の右側にはみ出して通行してはならないことを特に示す必要がある道路に設ける	1以外の場所に設ける場合のペイントなどによる標示	前方に優先道路があることを示す

車両境界線	安全地帯または路上障害物に接近1	安全地帯または路上障害物に接近2	安全地帯	路面電車停留場	横断歩道または自転車横断帯あり
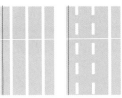					
ペイントなどによる標示	片側にさける場合	両側にさける場合	安全地帯を示す	路面電車停留場(所)を示す	前方に横断歩道または自転車横断帯があることを示す

車に付ける標識

初心運転者標識（初心者マーク）	高齢運転者標識（高齢者マーク）	身体障害者標識（身体障害者マーク）	聴覚障害者標識（聴覚障害者マーク）	代行運転自動車標識（代行マーク）	仮免許練習標識
					仮免許 練習中
免許を受けて1年未満の人が自動車を運転するときに付けるマーク	70歳以上の人が自動車を運転するときに付けるマーク	身体に障害がある人が自動車を運転するときに付けるマーク	聴覚に障害がある人が自動車を運転するときに付けるマーク	代行運転者が付けるマーク	運転の練習などをする人が自動車を運転するときに付けるマーク

監修：自動車運転免許研究所　長 信一

大型二種免許完全攻略

最新版

長 信一

日本文芸社

CONTENTS

PART**1**
大型バス 運転操作の基本

PART**2**
コース内課題 攻略テクニック

もくじ

PART3
技能試験　減点適用基準表

PART4
学科試験　実戦問題と解説

第二種免許
受験ガイド

第二種免許とはどんな免許か

　日本の免許制度の中で、第二種免許が制定されたのは昭和31年のことです。高度経済成長期の渦中（かちゅう）、旅客（りょかく）を有料で輸送する需要（じゅよう）が高まり、ただ車を運転するためだけに必要な第一種免許とは異なる目的をもった免許が必要であると判断されたのがその理由です。

　現在の道路交通法第86条には「旅客自動車を旅客自動車運送事業にかかわる旅客を運送する目的で運転しようとする者は、（中略）第二種免許を受けなければならない」と定められています。わかりやすく言えば、「乗合バスやタクシーなどの旅客自動車を、旅客運送のため運転しようとする場合に必要な免許」が、この第二種免許なのです。

　それでは、このような旅客自動車を車庫に移送したり回送する目的で運転するには、この第二種免許が必要なのでしょうか？　答えは「ノー！」。第二種免許が必要なのは、あくまでも旅客を運送する目的がある場合であり、このような目的がない場合には、第一種免許であっても運転することができるのです。

大型二種免許で運転できるおもな自動車

スクールバス

路線バス

観光バス

第二種免許の種類と運転できる自動車

第二種免許には、次の5種類があります。

❶大型自動車第二種免許⋯⋯⋯⋯本書では「大型二種免許」と略します。

❷中型自動車第二種免許⋯⋯⋯⋯本書では「中型二種免許」と略します。

❸普通自動車第二種免許⋯⋯⋯⋯本書では「普通二種免許」と略します。

❹大型特殊自動車第二種免許⋯⋯本書では「大特二種免許」と略します。

❺けん引自動車第二種免許⋯⋯⋯本書では「けん引二種免許」と略します。

大型特殊自動車第二種免許およびけん引自動車第二種免許で運転できる自動車は、現在の日本ではほとんど存在しません。

受験資格

第二種免許の試験を受けるには、次の❶または❷のいずれかの条件を満たしていることが必要です。

❶年齢が21歳以上(政令で定める教習を修了した者については19歳以上)の人であり、大型免許、中型免許、準中型免許、普通免許、大型特殊免許のいずれかをすでに受けていて、免許を受けていた期間(免許の効力が停止されていた期間を除く)が通算して3年以上(政令で定める教習を修了した者については1年以上)であること。

❷受けようとする第二種免許の種類と異なる種類の第二種免許をすでに受けている人。

[政令で定める教習とは]

公安委員会から認定を受けた教習所等で行う「受験資格特例教習」をいいます。

普通二種免許で運転できるおもな自動車

タクシー

ハイヤー

大型二種免許の受験資格

受験資格

21歳以上

異なる
種類の
第二種免許

第二種免許を受験するには、
このような条件が必要

免許歴
3年以上

[免許が与えられない人]

年齢的条件……資格年齢に満たない人。

身体的条件……適性試験での判断で、与えられないとされた人。

❶アルコール、麻薬、大麻、あへんまたは覚醒剤の中毒者。

❷体の機能に障害があって、腰をかけていることができない人。

❸両腕のひじ関節以上を欠き、また両腕の自由がまったくきかない人。

❹ハンドルやブレーキなどの装置を自由に操作できない人。

❺政令で定める次の病気にかかっている人。

　●幻覚の症状を伴う精神病者。

　●発作により意識障害や運動障害がある人。

　●自動車などの安全な運転に支障をおよぼすおそれがある人。

※一定の病気(てんかんなど)に該当するかどうかを調べるため、症状に関す
　る質問票(試験場にある)を提出してもらいます。

[行政的条件]

❶免許を拒否された日から起算して、指定された期間を経過していない人。

❷免許を保留されている人。

❸免許を取り消された日から起算して、指定された期間を経過していない人。

❹免許の効力が停止または仮停止されている人。

第二種免許の試験の内容

［適性試験］

❶視力‥‥‥‥万国式試視力検査器で検査が行われ、両眼で0.8以上、かつ片眼でもそれぞれ0.5以上であること。メガネやコンタクトレンズの使用も認められています。

❷深視力（しんしりょく）‥‥‥三桿法（さんかん）の奥行知覚検査器で検査が行われ、2.5メートル隔てた距離から3回検査し、その平均誤差（ごさ）が2センチメートル以下である必要があります。

> **深視力の検査方法**
> ①いすに座ってあご台にあごを乗せる
> ②検査器の窓から3本の棒（直径2ミリ）を見る
> ③真ん中の棒が前後に動くので、両側の2本の棒と一直線に並んだように見えたときにボタンを押すと棒は停止する。
> ②③の操作を3回検査する

❸聴力‥‥‥‥10メートル隔てた距離で90デシベルの警音器（けいおんき）の音が聞こえる者。第二種免許の場合は、接客を考えて日常会話に支障がない程度の聴力が必要。補聴器の使用は認められています。

❹運動能力‥‥自動車などの運転に支障をおよぼすおそれのある手足または体の障害がないこと。さらに第二種免許の場合は、運転中のトラブル（パンク修理や乗客の運搬など）を1人で処理することが可能な者でなければなりません。また、義手や義足の使用は認められていません。

［学科試験］

　国家公安委員会が作成した「交通の方法に関する教則」から出題されます。第二種免許の場合、「旅客自動車運転者の心得」の項目からも出題されますが、応用問題の形で出題されることがあります。したがって「旅客自動車運送事業等運輸規則」にひととおり目を通しておく必要があるでしょう。

　学科試験の合格基準は、文章問題90問（1問1点）、危険予測問題5問（1問2点）の計95問で、90点以上が合格となります。なお、学科試験に合格し、技能試験で不合格になった場合は、学科試験に合格した日から6か月間は学科試験が免除になります。

［第二種免許の技能試験　課題設定基準（施行規則第24条より）］

第二種免許の試験課題は次のように定められています。

❶大型第二種免許および中型第二種免許（走行距離6,000メートル以上）

1．道路における走行（発進および停止を含む）。

2．交差点の通行。

3．横断歩道の通過。

4．人の乗り降りのための停車および発進。

5．方向変換または縦列駐車。

6．鋭角コースの走行。

❷普通第二種免許（走行距離6,000メートル以上）

1．道路における走行（発進および停止を含む）。

2．交差点の通行。

3．横断歩道の通過。

4．人の乗り降りのための停車および発進。

5．転回。

6．方向変換または縦列駐車。

7．鋭角コースの走行。

大型第二種免許技能試験の内容とコース

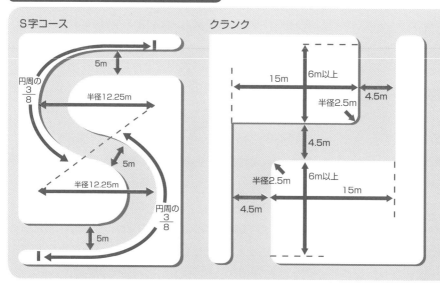

❸大型特殊第二種免許（走行距離1,200メートル以上）

1．幹線コースおよび周回コースの走行。

2．交差点の通行。

3．横断歩道及び踏切の通過。

4．方向変換。

❹けん引第二種免許（走行距離1,200メートル以上）

1．幹線コースおよび周回コースの走行。

2．交差点の通行。

3．横断歩道および踏切の通過。

4．曲線コースの走行。

5．方向変換。

なお、大型第二種免許を受験する人で大型免許を受けていない人は、次の大型仮免許を受け、その後、大型第二種免許を受けなければなりません。

●大型仮免許および中型仮免許（走行距離1,200メートル以上）

1．幹線コースおよび周回コースの走行。

2．交差点の通行。　　3．横断歩道および踏切の通過。

4．曲線コース、屈曲コースおよび坂道コースの走行。

5．路端における停車および発進。　　6．隘路への進入。

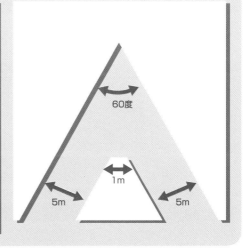

方向変換　　　鋭角コース

10m
5m
10m以上
半径2.5m
5m
半径2.5m
10m
5m
10m以上

60度
1m
5m　　5m

※縦列駐車は70ページ、路端における停車および発進は80・82ページ、
　隘路は86・88ページ参照。

受験ガイド＆試験コース

PART1　大型バス運転操作の基本

PART2　コース内課題・攻略テクニック

PART3　技能試験・減点適用基準表

PART4　学科試験・実戦問題と解説

[技能試験の合格基準]

　第二種免許の場合、技能試験の合格基準は80パーセント以上の成績となっています。つまり、100点満点中80点以上であれば合格です。

　詳しい採点基準は、PART3「技能試験　減点適用基準表」(97〜122ページ)に掲載してありますので、そちらをご覧ください。

[第二種免許の試験車両基準]

免許の種類	自動車の種類	長さ(m)	幅(m)	軸距(m)(ホイールベース)	輪距(m)(トレッド)
大型第二種免許（大型仮免許も同様）	乗車定員30人以上のバス型の大型自動車	10.00〜11.00	2.40〜2.50	5.15〜5.35	─
中型第二種免許（中型仮免許も同様）	乗車定員11人以上29人以下のバス型の中型自動車	8.20〜9.30	2.25〜2.50	4.20〜4.40	─
普通第二種免許	乗車定員5人以上の普通乗用自動車	4.40〜4.90	1.69〜1.80	2.50〜2.80	1.30〜
けん引第二種免許	けん引するための構造と装置を備えた中型自動車が、最大積載量5000kg以上のけん引されるための構造と装置を備えた車をけん引しているもの				
大型特殊第二種免許	車両総重量5000kg以上の車輪を有する大型特殊自動車で、時速20kmを超える速度を出すことができる構造のもの				

大型第二種免許の技能試験で使用される車

大型バス

受験申請

[用意するもの]

❶免許証

❷写真１枚 —— 申請６か月以内に写したもので、無帽、正面、上三分身、無背景。縦３センチメートル×横 2.4センチメートルの大きさで、裏に氏名と撮影年月日を記入したもの。

❸その他

- 免許証の本籍地や住所地などに変更がある場合は、市区町村の役所で発行する「住民票の写し」など、変更したことが確認できる書類が必要となります。

- 免許の失効や取り消しなどで免許歴（通算して３年以上）が確認できないときは、自動車安全運転センターで発行する「運転免許経歴証明書」が必要となります。

[申請場所]

　住所地（現在住んでいる所）の都道府県公安委員会（実際の窓口は運転免許試験場か警察署）で申請します。運転免許試験場の所在地は、警察のホームページなどで確認してください。

[手数料など]

　申請手数料、車両使用料に加え、試験に合格した場合は免許証の交付手数料が必要になります。

　金額は受験する免許の種類によって異なりますので、あらかじめ警察のホームページなどで確認するようにしましょう。

第二種免許の受験申請に必要なもの

免許証 　　　 手数料 　　　 写真１枚

試験コースを走行するときの条件

1 ならし走行

　場内試験時に、原則としておおむね100メートルのならし走行を行います。ならし走行から試験への移行については、下車することなく行います。

2 採点の範囲

　採点は、乗車するときから下車するときまでの間のすべてについて行われます。ただし、ならし走行の間、また路上への出入りのために場内を走行する間については、採点を行いません。

3 安全確認の方法

　安全確認は、原則として直接目視（直接自分の目で見ること）、およびバックミラーを用いて行ってください。

4 コース

　コースは、すべて車道とみなします。

5 接輪時の措置（59ページ参照）

　車輪が縁石に接輪したときは、ただちに停止して、接輪する以前の地点まで戻ってやり直します。

6 指示速度による走行（38ページ参照）

　周回・幹線コースの速度指定区間では、指示速度に従って走行します。

7 鋭角コースの通過（64ページ参照）

　鋭角コースは、3回以下の切り返しをして通過します。

8 上り坂の停止、および発進(94ページ参照)

指示された場所で停止し、ただちに発進します。

9 方向変換(74ページ参照)

方向変換は、コース凹部に後退で入ります。

10 縦列駐車(70ページ参照)

コースに平行して停止したあと、駐車範囲内(前車と後車の右側端を結ぶ線の内側)に車体の全部を入れます。駐車範囲は現場でも指示があります。

11 後方間隔(75ページ)

方向変換コースに後退で進入したあと、後方に設置された障害物との距離を後退して0.5メートル以内にします。うまくできなかった場合は、1回だけやり直しをすることができます。

12 路端における停車および発進(80ページ参照)

停止するとき、車体を道路のできる限り左側端に平行に沿わせ、車体の先端を指定された停止位置目標のポールに一致させます。うまくできなかった場合は、切り返し等の方法でやり直しをすることができます。

13 隘路への進入(86ページ参照)

まず走行線から車輪をはみ出さずに走行して、隘路へ進入します。止まらずに進行し、おおむね90度車体の向きを変えます。そして、進入範囲(路面に引かれた左右2本のライン内)に車体の全部を入れます。切り返し等を行う場合は、前方は限界線を車体の一部が越えない範囲、後方は2本のラインの後端を後輪が越えない範囲で行います。

14 駐車時の措置(34ページ参照)

大型乗用自動車(バス)で走行を終了したときは、乗降口の中心を指示された停止目標(ポールなど)に一致させ、駐車の状態にします。

※ 6 8 12 13 は、現場でも再度指示があります。

技能試験合格に必要なこと

試験コースを覚える

　第二種大型免許は、一部を除き、路上（一般道路）で試験を行います。また、大型仮免許では、すべてコース内で試験を行います。

　とくに、コース内で行う大型仮免許の試験では、あらかじめ走行順路を覚えておくことをおすすめします。走行順路は、試験官が試験開始前に発表します。コース図は、技能試験室に掲示してあるので、書き写しておくと便利です。そのほかの走行順路の入手方法としては、試験場内の売店や近くの代書屋で販売している場合もあります。

　このようにして、まずはコースの走行順路を覚えることから始めましょう。試験場によってはコースを下見できるところもあります。このような試験場では、図面を手に持ち、コースを実際に歩いて覚えるのがよいでしょう。

　走行中にも、同乗する試験官の指示はありますが、教えてくれるのを待っていたのでは、なかなか余裕のある運転ができません。したがって、コース順路をどれだけ覚えられるかが合格の近道となるのです。

　しかし、途中で順路がわからなくなった場合は、遠慮せず早めに試験官に聞きましょう。そして、もし順路を間違ってしまった場合は、すみやかにもとの順路に戻ってください。このときにあわててしまい、合図や安全確認を怠らないように注意することが大切です。間違えたことについての減点はありませんが、この間も試験は続いているのです。

車体感覚を身につける

　バスを運転するには、普通乗用車などとはまったく違う大きさの車体感覚が必要になります。やはり大型自動車だけあって、車体の全長や幅、運転席から見た視界まですべてが別物であり、最初はここに大きなとまどいを感じるでしょう。

合格への近道は、バスの車両感覚をいち早くつかむこと

　しかし、試験場のコースや将来一般道路を運転するには、バスの大きさを
よく理解していなければなりません。自分の運転している車がどこを走って
いるのか、車輪や車体側端がいまどこにあるのかという感覚、つまり走行軌
跡^{せき}や車体感覚が伴っていなければ自信を持って運転することはできません。
練習中に何度も車から降りて、自分のイメージどおりに車があるのかどうか
を確かめることが大切です。

交通規則を守る

　第二種免許を取ろうという人なら、交通規則はある程度わかっているはず
ですが、実際の運転でそのとおり走っているかというと、疑問が残ります。
いつの間にか交通法規を自分の都合のいいように解釈してしまう場合がある
のです。
　たとえば、一時停止のところを徐行^{じょこう}で通過したり、左折するときにあらか
じめ左にも寄らずに交差点を大回りしたりなど、つい悪い習慣となって、そ
れが試験に表れてしまいます。
　これでは、何度受験しても合格することはできません。交通規則をもう一
度見直し、ルールに従った運転を実行しなければなりません。

悪いくせは直す

　自分ではくせがないと思っていても、他人から見ると多少のくせが目につくものです。自動車の運転も、経験が長くなるほど基本を忘れ、いつの間にか自分好みの運転になりがちです。いままで気にも止めていなかった運転操作が、実際の試験で指摘され、不合格になるケースもあるのです。

　ここで、もう一度基本に戻って、正しい運転操作を試みてください。一度ついた悪いくせは、なかなか直すことができません。日常の運転行動を意識して見直し、根気強く直すしか方法はないのです。

試験結果から見たアドバイス

　試験場では、技能試験が不合格となった人を対象に、何が不足しているのか、どこが間違っているのかということをアドバイスしてくれる時間があります。

　試験結果を調べると、不合格になる原因にはいくつかの共通点があります。その中で、最も多い例をあげてみると、次のとおりです。

❶一時停止場所で、停止のしかたが不完全または停止線をオーバーした。

❷進路変更のときや交差点での安全確認が不十分。

❸左折時の寄せ幅が足りなかったり、大回りしてしまう。

❹メリハリ不足（外周路や優先道路での加速不良）。

❺方向変換や狭路での失敗（車体感覚の不足）。

　以上のように、どれをとっても簡単そうでいて、つい犯してしまうミスであるように思えます。たしかに本番の緊張の中で、実力を発揮することは難しいことでしょう。しかし、これが現実の試験結果なのです。「ふだん道路でやっていることが試験場に行くと、ついあがってしまい、うっかりミスをしてしまった」とよく聞きますが、緊張の中で行われる行動こそ真の実力といえるでしょう。

　このような点を踏まえて一度基本に戻って練習することが合格の秘訣です。とくに、前述の例は頭でわかっていても、必ず練習してください。正しい練習を続けることが、試験場でのうっかりミスを防ぎ、実力を身につける唯一の方法なのです。

大型バス
運転操作の基本

基本操作①
運転装置の名称と働き

バスの運転装置と役割

❶ワイパースイッチ　窓ふき器を連動させるときに使う
❷警音器ボタン　危険を防止するときなどに鳴らす
❸方向指示器レバー　方向指示器を操作するときなどに使う
❹ハンドル　方向を変える
❺アクセルペダル　エンジンの回転を速くしたり遅くしたりする
❻ブレーキペダル　速度を遅くしたり、車を止めたりする
❼クラッチペダル　エンジンの回転を伝えたり、切ったりする
❽ハンドブレーキ　駐車や坂道発進のときに使う
❾チェンジレバー　ギアの組み合わせを変えるときに使う

POINT

➡ 運転装置の名称を知っておこう

➡ 運転装置の働きを知っておこう

➡ 発進前に計器盤を見て、ハンドブレーキや半ドアなどを確認する

バスの計器盤

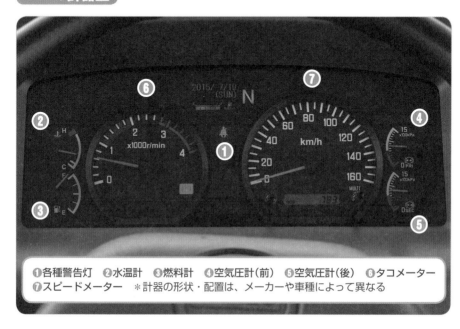

❶各種警告灯　❷水温計　❸燃料計　❹空気圧計(前)　❺空気圧計(後)　❻タコメーター
❼スピードメーター　※計器の形状・配置は、メーカーや車種によって異なる

教習(試験)車両の運転席

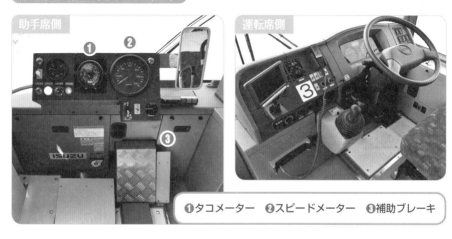

助手席側　　運転席側

❶タコメーター　❷スピードメーター　❸補助ブレーキ

基本操作②
ペダル・レバーの操作

アクセルペダルの操作方法

かかとを着け、つま先をゆっくり下げてペダルを踏む

つま先をゆっくり上げてペダルを戻す

クラッチペダルの操作方法

ペダルの中央部分を、左足の付け根で踏み込む

ひざを上げるようにしてゆっくり戻し、操作が終わったら床に下ろす

POINT

➡️アクセルの操作は、まずかかとの位置を固定する
➡️ブレーキペダルはジワーッと踏み込み、スーッと力を抜いて戻す
➡️スムーズな発進は、半クラッチの使い方しだいで決まる

受験ガイド&試験コース

PART1 大型バス 運転操作の基本

PART2 コース内課題 攻略テクニック

PART3 技能試験 減点適用基準表

PART4 学科試験 実戦問題と解説

ブレーキペダルの操作方法

ペダルの中央部分を、右足の指の付け根でジ
ワーッと踏み込む

ひざを上げるような気持ちでゆっくりと力を
抜く

ハンドブレーキの操作方法

レバーをしっかり握り、解除フックを触れず
に下限まで押し下げる

レバーをしっかり握り、解除フックをつまん
で上限まで引き上げる

こんな失敗をしやすい

かかとを着けたまま、つま先だけで移動す
ると、正確な操作ができない

クラッチペダルに足を乗せたまま運転すると、
クラッチがすべり、故障の原因になる

基本操作③
シフトチェンジの操作

チェンジレバーの操作方法

ニュートラルの
確かめ方

左右に動かしてみる

ローギアへの
入れ方

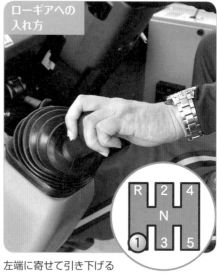

左端に寄せて引き下げる

ローギアから
セカンドギアへの入れ方

ニュートラルを通り、
上に上げる

セカンドギアから
サードギアへの入れ方

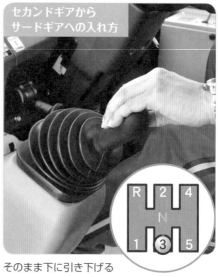

そのまま下に引き下げる

POINT

➡️ 車の速度と状況に合わせて適切なギアを選択する

➡️ チェンジレバーの操作は、クラッチペダルと連動して確実に行う

➡️ 車種によってギアポジションが違うことに注意する

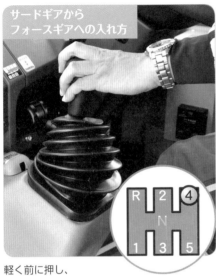

サードギアから フォースギアへの入れ方

軽く前に押し、
右端に寄せて上げる

バックギアへの 入れ方

左端に寄せて上に上げる

こんな失敗をしやすい

レバーを握る手に無理な力を入れると、違うギアに入ったりギアが入りにくくなる

チェンジレバーを見ながら変速操作をすると、安全な運転ができない

基本操作④
ハンドルの持ち方・回し方

ハンドルの正しい持ち方

10時10分の位置　　　8時20分の位置

「10時10分」の位置から、「8時20分」の位置の間を軽く握る

右方向へのハンドルの回し方

両手でハンドル
を右へ回し始め、
右手を離す

左手は回し続け
ながら、右手を
持ち替える

次に、右手は回
し続けながら、
左手を離す

右手は回し続け
ながら、左手を
持ち替える

POINT

➡ハンドルは、「10時10分」から「8時20分」の間を持つ

➡ハンドルは、力まずスムーズに回す

➡内がけハンドル、送りハンドル、片手ハンドルなどはしない

左方向へのハンドルの回し方

両手でハンドルを左へ回し始め、左手を離す

右手は回し続けながら、左手を持ち替える

次に、左手は回し続けながら、右手を離す

左手は回し続けながら、右手を持ち替える

こんな失敗をしやすい

内がけをすると、必要な量が回せなくなる

両手を同時に離して戻すと、車がふらついて危険である

基本操作⑤
車両感覚のつかみ方

バスと普通自動車の大きさの違い

　車両感覚をつかむうえで重要なことは、その車の大きさを知ることです。まずは、外観から見て、その大きさの違いを比較してみましょう。試験場で使用される車両は、乗車定員30人以上のバス型の大型自動車を使って技能試験を行っています。

　実際には、街中でよく見かける路線バス程度の大きさのものが使用されていると思えばよいでしょう。

検定車両の基準

免許の種類	自動車の区分	車体の大きさ			備考
		長さ	幅	軸距	
大型第二種免許	乗車定員30人以上のバス型の大型自動車	10.00m以上11.00m以下	2.40m以上2.50m以下	5.15m以上5.35m以下	補助ブレーキを有するもの

バスと普通自動車を並べてみると、その大きさの違いがよくわかる

POINT

➡バスは普通自動車と比べるとはるかに大きい（全長と車高は約２倍）
➡車両感覚をつかむことが運転への第一歩
➡バスの運転席は、ホイールベースの外側に位置する

バスと普通自動車の大きさの違い

大型バス

普通自動車

バスの大きさを知ろう

　車を運転するには、その車両の大きさがよくわかっていなければなりません。自分の運転している車がどこを走っているのか、車輪や車体の端が、いまどこにあるのかという感覚、つまり走行軌跡や車体感覚が伴っていなければ自信をもって運転することはできません。

　自分の思うところに車があるかどうかを、練習中に何度も車から降りて確かめましょう。

　普通自動車と比較すると、その長さや車高は約２倍にも達し、車幅は約50センチも広いものになります。また、運転席上での視点の位置も約２倍も高くなり、周囲を見下ろすような視界になります。

　さらに、普通自動車との決定的な違いはその構造にあります。運転席がホイールベースのほぼ中央に位置する普通自動車に対し、バスではホイールベースの外側に位置しているのです。ハンドルを切る時期が大幅に違うと感じるのも、この構造の違いのためです。

前方感覚と後方感覚をつかもう

　バスの全長は、普通自動車の約２倍もの長さがあるため、まずは前方や後方に対する感覚を身につけておかなければなりません。

　そのため、どの位置まで進めば目標に合わせて停止できるかを覚える必要があります。もちろん、車両の違いや運転者の体格によっても見え方は違うので、一度その車に乗って見え方を体験し、確認しておくとよいでしょう。

車両感覚をつかもう

　バスの車幅は、車体（ボディ）の幅と車軸（トレッド）の幅で表されます。一般的には、車体の幅よりも車軸の幅のほうが少ない数値となっていますが、道路上で走行位置を決定するのが、この車軸の幅です。

　車が直線を走行する場合の左車輪と右車輪の位置感覚を覚えるには、コース中央にある中央線や車線などを利用して、走行する延長線上に車を置き、運転席の視点からその見え方を確かめる方法があります。

前方感覚 車体の先端がどの位置にあるかを覚えるために、停止線に合わせて停止し、その位置を確認する

停止線を目標に停止する場合、右側の窓のこの位置に停止線が見える

後方感覚 車体の後端がどの位置にあるかを覚えるために、バックして停止し、その位置を確認する

運転席から見てどのように見えるか確認しておく

車輪の走行軌跡を知ろう

　まず、左車輪をラインの真上に乗せ、左車輪の走行する軌跡がフロントパネルのどのあたりに交わって見えるかを確認します（下写真）。また、同じように右車輪もラインの上に乗せ、どのあたりに見えるかを確認します（右ページ写真）。

左車輪をライン上に乗せたときの運転席からの見え方

左車輪の延長は、ダッシュボードの中央付近に交わって見える。これにより、左車輪の位置とその走行軌跡がわかる

このようにして練習すれば、左右の車輪の位置と、その延長線上にある走行軌跡が覚えられるわけです。

　この実験でわかることは、左車輪はフロントパネルの中央付近に交わって見え、右車輪はハンドルのやや右側付近に交わって見えるということです。ただし、この見え方は実験する車両や運転者の身長によって異なるので、やはり自分の目で確認しておくことが重要です。

右車輪をライン上に乗せたときの運転席からの見え方

右車輪の延長は、ハンドルのやや右側付近に交わって見える。これにより、右車輪の位置とその走行軌跡がわかる

基本操作⑥
発進の手順と方法

発進の手順

ニュートラルを確認。エンジンを始動する

ギアを2速(または1速)に入れる

こんな失敗をしやすい

ギアが入ったままエンジンを始動してしまった

後方の安全を確認しないで発進してしまった

POINT

➡手際よく発進できるように、手順をしっかりと練習しておこう
➡スムーズな発進は、半クラッチの使い方が決め手になる
➡発進したら、クラッチペダルから足を離しておく

受験ガイド＆試験コース

PART**1** 大型バス 運転操作の基本

PART**2** コース内課題 攻略テクニック

PART**3** 技能試験 減点適用基準表

PART**4** 学科試験 実戦問題と解説

安全を確認して発進の合図を出す

周囲を見渡して発進の確認をする

ハンドブレーキを解く

アクセルとクラッチを調和させて発進する

停止の手順と方法

停止の手順

停止目標を確認する

周囲の安全を確認してから左合図を出す

こんな失敗をしやすい

左端に十分寄らない

停止目標が乗降口の扉に合っていない

➡️停止位置や駐車目標を行きすぎない

➡️排気ブレーキやエアブレーキ装着車は、ブレーキが強力に効く

➡️完走しても、最後まで気を抜かないこと

ブレーキペダルを踏み、速度が遅くなったら
クラッチペダルを踏む

乗降口を停止目標に合わせて停止する

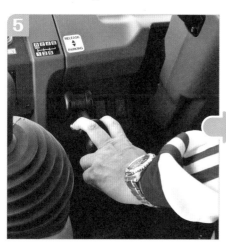

ハンドブレーキをかけ、エンジンを止める

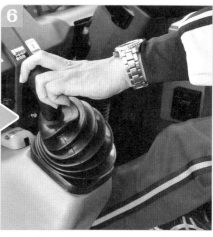

ギアをバック（平地や下り坂）かロー（上り坂）
に入れる

基本操作⑧
バックミラーの調整と見方

バックミラーの調整法

ルームミラー

ミラーの中心を車の後部中央に合わせ、後部ガラスを通して車の後ろ全体がよく見えるように調節する

サイドミラー

左右のミラーは、車体の側方部分が約4分の1映るように調整する。天地の境は、ミラーの約2分の1で調節する

アンダーミラー

車の先端部分を見るアンダーミラー。広い範囲を確認するため、かなり湾曲した凸面鏡を使用している

こんな失敗をしやすい

ルームミラーの調整を忘れて、そのまま発進してしまった

ミラーの角度が悪いと、安全な後方視界が保てない

PART 2

コース内課題
攻略テクニック

コース内課題①
直線コースの走行

直線の始まりで十分加速し、一定速度を維持する。直線終わりで十分速度を落とす

POINT

➡️ 直線は、３分割して目標にすると加減速の時期がつかみやすい

➡️ 直線の前半は十分に加速し、速度にメリハリをつける

➡️ 直線の後半は十分に速度を落とし、カーブに進入する

直線コースの走行手順

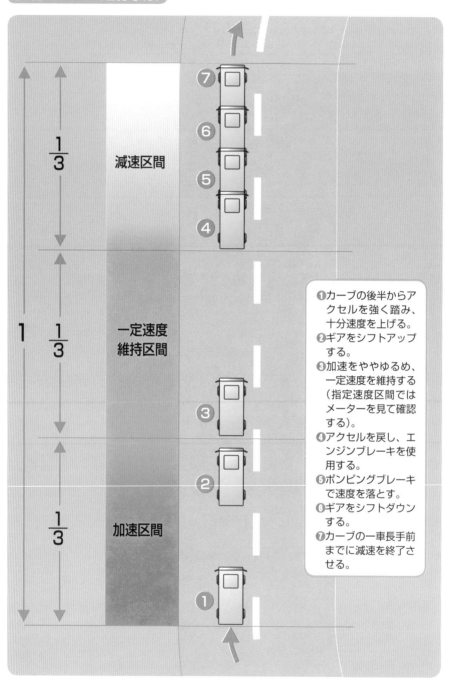

減速区間

一定速度
維持区間

加速区間

$\frac{1}{3}$

$\frac{1}{3}$

$\frac{1}{3}$

1

❶カーブの後半からアクセルを強く踏み、十分速度を上げる。
❷ギアをシフトアップする。
❸加速をややゆるめ、一定速度を維持する（指定速度区間ではメーターを見て確認する）。
❹アクセルを戻し、エンジンブレーキを使用する。
❺ポンピングブレーキで速度を落とす。
❻ギアをシフトダウンする。
❼カーブの一車長手前までに減速を終了させる。

直線コースのポイント

直線の始まりでは、アクセルペダルを踏み込み、力強く加速する

直線の終わりでは、ポンピングブレーキを使い、十分に速度を落とす

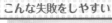

こんな失敗をしやすい

円滑にシフトアップしないと十分な加速が得られない

ブレーキの開始時期が遅れると、直線部分で減速が終わらない

コース内課題②
外周カーブの走行

カーブの入口までに十分速度を落とし、カーブの後半から徐々に加速する

POINT

➡コーナーリング中のブレーキは禁物

➡カーブの一車長手前までに減速する

➡カーブの中央を過ぎたら、直線に向け、徐々に速度を上げる

外周カーブの走行手順

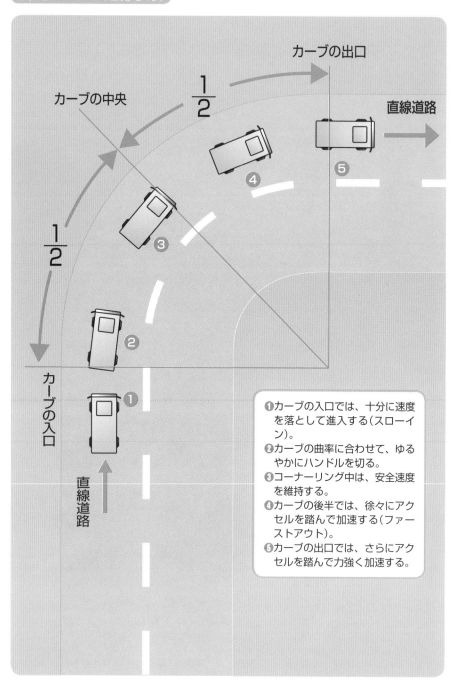

カーブの出口

カーブの中央

直線道路

$\dfrac{1}{2}$

$\dfrac{1}{2}$

④

⑤

③

②

①

カーブの入口

直線道路

❶カーブの入口では、十分に速度を落として進入する(スローイン)。

❷カーブの曲率に合わせて、ゆるやかにハンドルを切る。

❸コーナーリング中は、安全速度を維持する。

❹カーブの後半では、徐々にアクセルを踏んで加速する(ファーストアウト)。

❺カーブの出口では、さらにアクセルを踏んで力強く加速する。

外周カーブのポイント

カーブの入口では十分に速度を落とし、シフトダウンを完了しておく

カーブの後半から徐々にアクセルを踏んで、速度を上げていく

こんな失敗をしやすい

カーブを走行するときの速度は、極端に速すぎたり遅すぎたりしない

コーナーリング中は、レーンから車体がはみ出さないように注意する

コース内課題③
障害物の避け方

障害物回避の手順

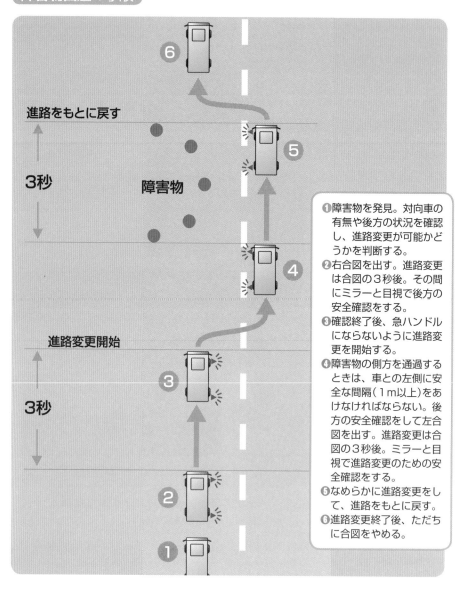

進路をもとに戻す

3秒

障害物

進路変更開始

3秒

❶障害物を発見。対向車の有無や後方の状況を確認し、進路変更が可能かどうかを判断する。

❷右合図を出す。進路変更は合図の3秒後。その間にミラーと目視で後方の安全確認をする。

❸確認終了後、急ハンドルにならないように進路変更を開始する。

❹障害物の側方を通過するときは、車との左側に安全な間隔(1m以上)をあけなければならない。後方の安全確認をして左合図を出す。進路変更は合図の3秒後。ミラーと目視で進路変更のための安全確認をする。

❺なめらかに進路変更をして、進路をもとに戻す。

❻進路変更終了後、ただちに合図をやめる。

POINT

➡️ 安全な間隔が保てる場合は、進路変更して障害物を避ける

➡️ 安全な間隔が保てない場合は、徐行か一時停止して障害物を避ける

➡️ 試験場の障害物は、事前に下調べをしておく

道幅が広く安全に通行できる場合の避け方

1

両手でハンドルを右へ回し始め、右手を離す

2

合図を出してから3秒後、なめらかに進路変更を始める

3

障害物との間に安全な間隔（1m以上）をあける。その後、左合図を出す

4

合図を出してから3秒後、なめらかに進路をもとに戻す

対向車があり安全に通行できない場合の避け方

中央線から出ないように、障害物を避けやすい位置で停止する

対向車を安全に通過させ、右合図を出す

安全を確認しながら障害物を避け始める

左合図を出し、安全を確認してからもとに戻る

障害物との間に安全な間隔があいていない

対向車があるのに障害物を避けてしまった

対向車があるのに無理に側方を通過してはいけない

確認をしながら進路変更してはいけない

左折・右折

左折の手順

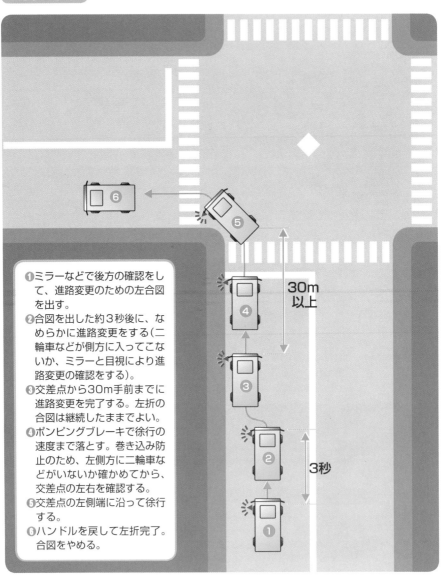

❶ミラーなどで後方の確認をして、進路変更のための左合図を出す。

❷合図を出した約3秒後に、なめらかに進路変更をする(二輪車などが側方に入ってこないか、ミラーと目視により進路変更の確認をする)。

❸交差点から30m手前までに進路変更を完了する。左折の合図は継続したままでよい。

❹ポンピングブレーキで徐行の速度まで落とす。巻き込み防止のため、左側方に二輪車などがいないか確かめてから、交差点の左右を確認する。

❺交差点の左側端に沿って徐行する。

❻ハンドルを戻して左折完了。合図をやめる。

30m
以上

3秒

POINT

➡ 左折時は左端から1m以内に寄せ、左側端に沿って徐行する
➡ 右折時は中央線から50cm以内に寄せ、中心のすぐ内側を徐行する
➡ ともに交差点の30m手前で右左折の合図をする

左折の方法

周囲の安全を確認して左合図。このとき、交差点から30m＋約3秒前に合図を出す。走行速度にもよるが、70〜80m手前の地点から準備する

安全を確認してから左に進路変更する。このとき、寄せ幅の目安は左側端から70cmぐらいに寄せ、二輪車などを巻き込まないようにする

徐行の速度に落とし、左右の安全を確認する。ハンドルを切る前にもう一度左側方を目視して、巻き込み防止確認をする

速度を徐行に落とし、左側端に沿って左折する

右折の手順

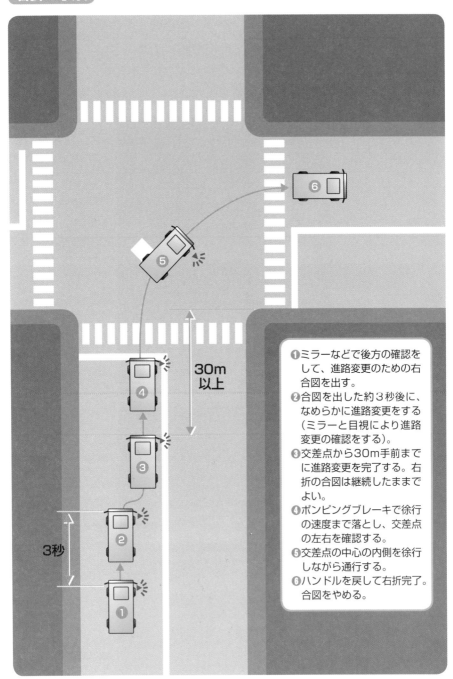

❶ミラーなどで後方の確認を
して、進路変更のための右
合図を出す。

❷合図を出した約3秒後に、
なめらかに進路変更をする
(ミラーと目視により進路
変更の確認をする)。

❸交差点から30m手前まで
に進路変更を完了する。右
折の合図は継続したままで
よい。

❹ポンピングブレーキで徐行
の速度まで落とし、交差点
の左右を確認する。

❺交差点の中心の内側を徐行
しながら通行する。

❻ハンドルを戻して右折完了。
合図をやめる。

周囲の安全を確認して右合図。このとき、交差点から30m＋約3秒前に合図を出す。走行速度にもよるが、70〜80m手前の地点から準備する

安全を確認してから右に進路変更する。このとき、寄せ幅の目安は中央線から30cmぐらいに寄せ、なめらかに進路変更をする

徐行の速度に落とし、左右の安全を確認する。直進車がいる場合は、ハンドルを切る前に停止して対向車の進行を妨げないようにする

交差点の中心のすぐ内側を徐行する。左前車輪を中心マークの内側に沿わせる

受験ガイド&試験コース

PART1 大型バス 運転操作の基本

PART2 コース内課題 攻略テクニック

PART3 技能試験 減点適用基準表

PART4 学科試験 実戦問題と解説

左折

こんな失敗をしやすい

左へ寄らずに大回りすると……

二輪車などを巻き込んでしまう

内輪差を考えずに曲がると……

左後輪が脱輪してしまう

右折のため道路の中央に寄るのが遅い

交差点の中心の内側を通行していない

コース内課題⑤
S字(曲線)コースの走行

S字(曲線)コースの走行手順

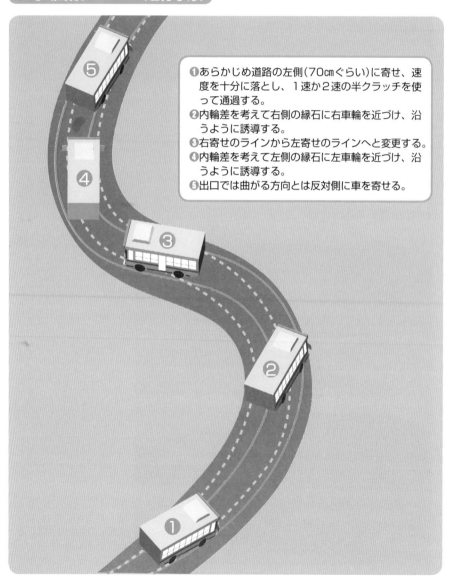

❶あらかじめ道路の左側(70㎝ぐらい)に寄せ、速度を十分に落とし、1速か2速の半クラッチを使って通過する。
❷内輪差を考えて右側の縁石に右車輪を近づけ、沿うように誘導する。
❸右寄せのラインから左寄せのラインへと変更する。
❹内輪差を考えて左側の縁石に左車輪を近づけ、沿うように誘導する。
❺出口では曲がる方向とは反対側に車を寄せる。

POINT

➡半クラッチを使い、ゆっくりと確実に通過する

➡縁石に当たりそうになったらすぐに停止し、戻ってやり直す

➡走行ラインはS字外側の縁石に寄せ、内側をあけておく

S字の通り方

左折からS字に進入する場合、左幅を縁石から70cmぐらいに寄せる。寄せすぎると脱輪するので注意する

入口では十分に速度を落として進入する。ギアは2速に入れ、半クラッチを使って通過する

S字に入ったら、まずは左カーブから。右車輪を縁石に近づけて、なるべく外側を通るようにする

左カーブ走行中。左車輪は内輪差の影響を受けるので、余裕をもって多めにあけておく

次ページに続く

前ページから

左カーブと右カーブの中間地点。右側に寄せていたラインを、一度道幅の中央部分を通るようにし、次に左側のラインに寄せる

左車輪を外側の縁石に寄せていく。このとき、左角のバンパーは縁石の外側にはみ出してもかまわない

右カーブ走行中。外寄りのラインを通っているのがわかる。このあと、出口を右折するので、外寄りのラインのままでよい

右合図を出し、左右の安全を確認する。S字の中では、進路を変えたり、巻き込み防止確認したりする必要はない

こんなときはどうする？

前輪が接輪してしまった！

対処法 ハンドルを
反対側に切って
切り返しをする

ただちに車を止め、
ハンドルを反対側に
切って後退をする

後輪が接輪してしまった！

対処法 そのまま後退して
やり直しをする

ただちに車を止め、
ハンドルはそのまま
で後退する

受験ガイド&試験コース

PART1 大型バス 運転操作の基本

PART2 コース内課題 攻略テクニック

PART3 技能試験 減点適用基準表

PART4 学科試験 実戦問題と解説

クランク(屈折)コースの走行

クランク(屈折)コースの走行手順

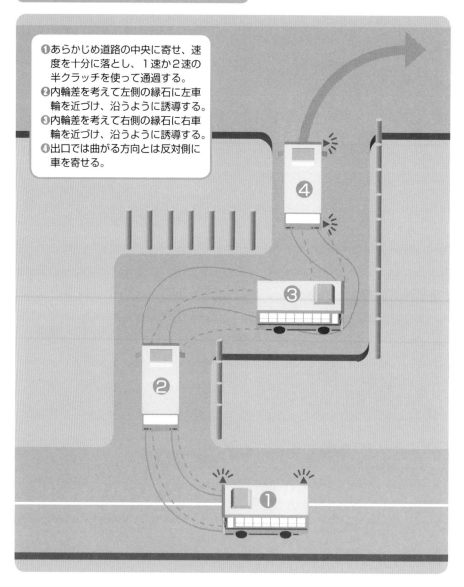

❶あらかじめ道路の中央に寄せ、速度を十分に落とし、1速か2速の半クラッチを使って通過する。
❷内輪差を考えて左側の縁石に左車輪を近づけ、沿うように誘導する。
❸内輪差を考えて右側の縁石に右車輪を近づけ、沿うように誘導する。
❹出口では曲がる方向とは反対側に車を寄せる。

POINT

➡ラインどりは、大きなＳ字型を描くようにイメージ

➡半クラッチで速度を微調整し、ハンドルの切る時期を見定める

➡脱輪しそうなときは、無理をせず一度止まって切り返す。

右折進入の場合の通り方

右折からクランクに進入する場合、あらかじめ道路の中央に寄せる。入口で十分に速度を落とし、２速の半クラッチを使って通過する

クランク内に入ったら、次は左角を曲がる。右車輪を縁石に近づけて、なるべく外側に車体を誘導する

半クラッチで速度をやや落とし、ハンドルを切る時期を見定める。前輪が内側の縁石と並んだらハンドルを切り始める

ハンドルを回す速度を調節しながら左いっぱいに切る。このとき、ミラーを障害物に接触させないように注意する

次ページに続く

前ページから

今度は、内輪差によって後輪が脱輪しないように、対角線上を通行してラインを反対側に寄せる

前輪が右内側の縁石と並んだらハンドルを切って右角を曲がる。切り遅れないためにも、半クラッチで速度を調節する

右角を通過中、ミラーが最も障害物に近づいたところ。障害物のみに気をとられず、後輪が脱輪しないようにミラーでチェックする

クランクの出口を右折しているところ。当然、この手前では合図を右に出し、左右の安全確認を行うこと

こんなときはどうする？

ミラーが接触してしまった！

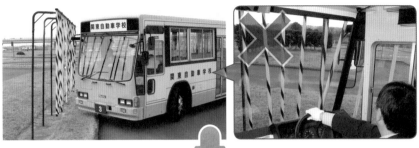

対処法 ハンドルを
反対側に切って
切り返しをする

ただちに車を止め、
ハンドルを反対側に
切って後退をする

後輪が接輪してしまった！

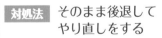

対処法 そのまま後退して
やり直しをする

ただちに車を止め、
ハンドルはそのまま
で後退する

コース内課題⑦
鋭角コースの通過方法

左折進入での鋭角コースの通過手順

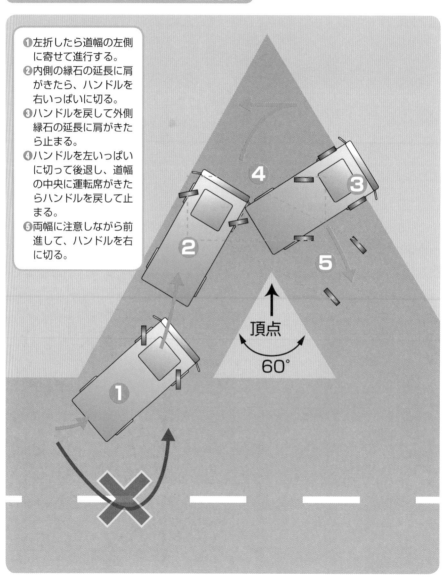

❶左折したら道幅の左側に寄せて進行する。

❷内側の縁石の延長に肩がきたら、ハンドルを右いっぱいに切る。

❸ハンドルを戻して外側縁石の延長に肩がきたら止まる。

❹ハンドルを左いっぱいに切って後退し、道幅の中央に運転席がきたらハンドルを戻して止まる。

❺両幅に注意しながら前進して、ハンドルを右に切る。

頂点

60°

POINT

➡ 1回以上3回以下の切り返しをして通過する
➡ 鋭角の角度は60度。頂点を見失わないこと
➡ 後退は極低速で。接輪・脱輪に要注意

左折進入の場合の通り方

内側の縁石の延長に肩がきたら、ハンドルを右いっぱいに切る

ハンドルを戻して外側縁石の延長に肩がきたら止まる

ハンドルを左いっぱいに切って後退し、道幅の中央に運転席がきたらハンドルを戻して止まる

両幅に注意しながら前進して、ハンドルを右に切る

右折進入での鋭角コースの通過手順

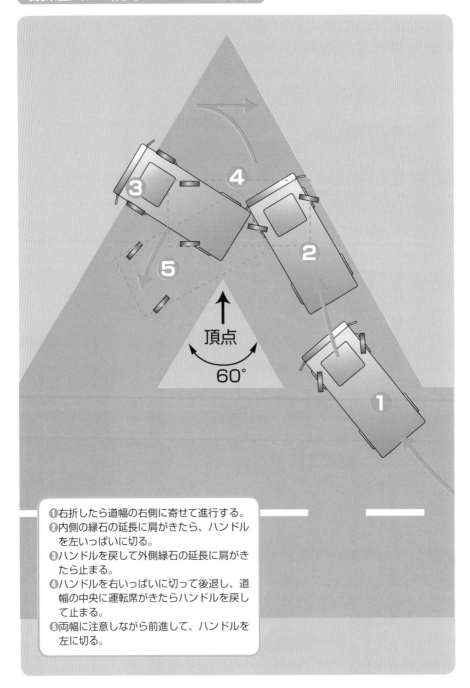

頂点

60°

❶右折したら道幅の右側に寄せて進行する。
❷内側の縁石の延長に肩がきたら、ハンドル
　を左いっぱいに切る。
❸ハンドルを戻して外側縁石の延長に肩がき
　たら止まる。
❹ハンドルを右いっぱいに切って後退し、道
　幅の中央に運転席がきたらハンドルを戻し
　て止まる。
❺両幅に注意しながら前進して、ハンドルを
　左に切る。

右折進入の場合の通り方

内側の縁石の延長に肩がきたら、ハンドルを左いっぱいに切る

ハンドルを戻して外側縁石の延長に肩がきたら止まる

ハンドルを右いっぱいに切って後退し、道幅の中央に運転席がきたらハンドルを戻して止まる

両幅に注意しながら前進して、ハンドルを左に切る

こんな失敗をしやすい

ハンドルを切る時期が遅れると、前輪が接輪してしまう

ハンドルを切る時期が早いと、後輪が接輪してしまう

車の誘導を間違えると、切り返しをしても通過ができない

切り返し時に後退しすぎると、後輪が接輪してしまう

こんなときはどうする？

左後輪が鋭角の頂点に脱輪してしまった！

対処法 やり直しをしてから通過する

周囲の安全を確認して後退する（ハンドルはそのまま）

車体が縁石と平行になったらハンドルを戻して停止する

そのまま前進して、先ほどよりも時期を遅らせてからハンドルを右いっぱいに切る。ハンドルを戻して、外側縁石の延長に肩がきたら止まる。この後は、P.64の❸〜❺の手順で通過する

コース内課題⑧
縦列駐車

縦列駐車の手順

❶左に合図を出し、駐車エリア内の障害物の有無を確認する(止まって確かめてもよい)。

❷左側の縁石(駐車車両の側面)から約1mの間隔を保ち、平行に前進する。車体の後端が目標Aよりも少し前進して停止する。

❸左合図をやめ、周囲の確認をしてからバックギアに入れる。後退しながら後輪の車軸が目標Aと並んだら、ハンドルを左いっぱいに切る。

❹車体の右側面の延長が目標Cに向かう角度(約45度)となるように、ハンドルをまっすぐ戻す。

❺後退して、車体の左先端が目標Aと並んだら、ハンドルを右いっぱいに切る。

❻左サイドミラーで車の動きを確認しながら、車体の左側面が縁石と平行になるように後退する。

❼車体の右側面が目標AとBを結ぶ線より内側に入り、かつ平行になったら停止する。そのあと、ハンドブレーキを引き、完了したことを試験官に知らせる。

❽試験官の指示が出たら右に合図を出し、後方や周囲の安全を確かめてから発進する。

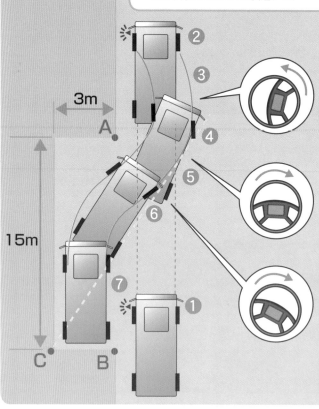

POINT

➡ うまく入らないときは、切り返しや幅寄せをして誘導する

➡ 車の後部が目標と並んだらハンドルを切る

➡ 敷地内にバックするとき、目標「C」に車体の延長を合わせる

縦列駐車の方法

左に合図を出し、駐車エリア内の安全を確認する（止まって確かめてもよい）

左側の縁石（駐車車両の側面）から約1mの間隔を保ち、平行に進行する。車体の後端が目標Aよりも少し前進して停止する

左合図をやめ、周囲の安全を確認してからバックギアに入れる。後退しながら後輪の車軸が目標Aと並んだら、ハンドルを左いっぱいに切る

車体の右側の延長が目標Cと並ぶ角度（約45度）になるように、ハンドルをまっすぐに戻す

次ページに続く

前ページから

後退して、車体の左先端が目標Aと並んだら、ハンドルを右いっぱいに切る

左サイドミラーで車の動きを確認しながら、車体の左側面が縁石と平行になるように後退する

車体の右側面が目標AとBを結ぶ線より内側に入り、かつ平行になったら停止する。そのあと、ハンドブレーキを引き、完了したことを試験官に知らせる

試験官の指示が出たら右に合図を出し、後方や周囲の安全を確かめてから発進する

こんなときはどうする？

車体が駐車エリアに入らなかった！

対処法 もう一度入れ直す

周囲の安全を確認して
から前進する

車体の右側の延長が目
標Cと並ぶ角度（約45
度）になるように、ハ
ンドルをまっすぐに戻
す。以下の手順は、
P.70の⑤〜⑨と同じ

コース内課題⑨
方向変換

右バックによる方向変換の手順

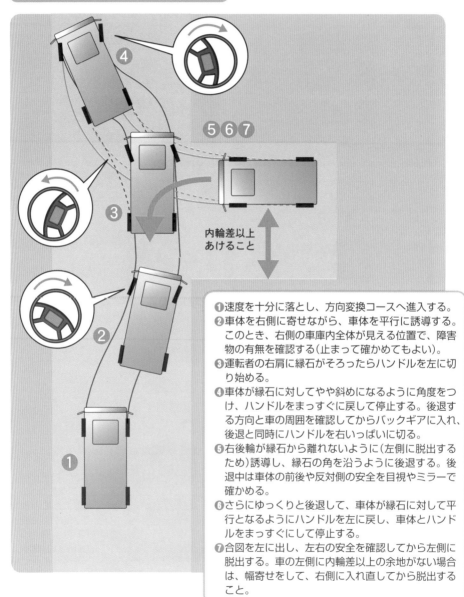

内輪差以上
あけること

① 速度を十分に落とし、方向変換コースへ進入する。

② 車体を右側に寄せながら、車体を平行に誘導する。このとき、右側の車庫内全体が見える位置で、障害物の有無を確認する（止まって確かめてもよい）。

③ 運転者の右肩に縁石がそろったらハンドルを左に切り始める。

④ 車体が縁石に対してやや斜めになるように角度をつけ、ハンドルをまっすぐに戻して停止する。後退する方向と車の周囲を確認してからバックギアに入れ、後退と同時にハンドルを右いっぱいに切る。

⑤ 右後輪が縁石から離れないように（左側に脱出するため）誘導し、縁石の角を沿うように後退する。後退中は車体の前後や反対側の安全を目視やミラーで確かめる。

⑥ さらにゆっくりと後退して、車体が縁石に対して平行となるようにハンドルを左に戻し、車体とハンドルをまっすぐにして停止する。

⑦ 合図を左に出し、左右の安全を確認してから左側に脱出する。車の左側に内輪差以上の余地がない場合は、幅寄せをして、右側に入れ直してから脱出すること。

POINT

➡️方向変換の操作は、車庫入れではなくスイッチターン
➡️接輪や脱輪が少しでも予想される場合は、ただちに停止する
➡️切り返しや幅寄せをして接輪を防ぐ

右バックによる方向変換

車体を右側に寄せながら、車体を平行に誘導する。このとき、車庫内の安全を確認する

ハンドルをやや左に切り、車庫に入れやすい位置で停止する

ハンドルを右いっぱいに切りながら後退する

後端が50cm未満となるように車を止め、その後、左側に脱出する

左バックによる方向変換の手順

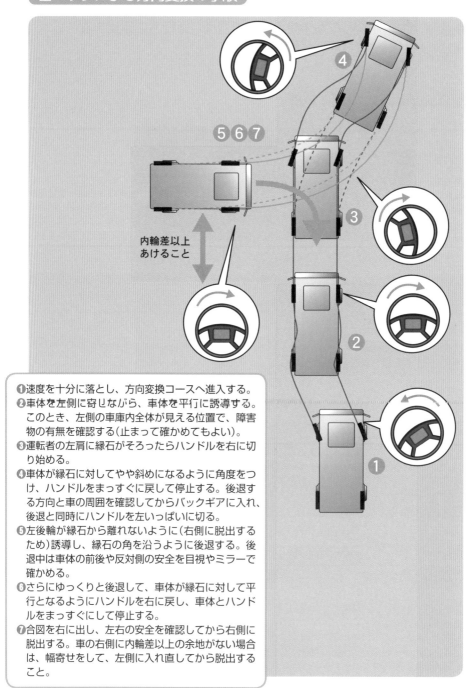

内輪差以上
あけること

❶速度を十分に落とし、方向変換コースへ進入する。
❷車体を左側に寄せながら、車体を平行に誘導する。
　このとき、左側の車庫内全体が見える位置で、障害
　物の有無を確認する（止まって確かめてもよい）。
❸運転者の左肩に縁石がそろったらハンドルを右に切
　り始める。
❹車体が縁石に対してやや斜めになるように角度をつ
　け、ハンドルをまっすぐに戻して停止する。後退す
　る方向と車の周囲を確認してからバックギアに入れ、
　後退と同時にハンドルを左いっぱいに切る。
❺左後輪が縁石から離れないように（右側に脱出する
　ため）誘導し、縁石の角を沿うように後退する。後
　退中は車体の前後や反対側の安全を目視やミラーで
　確かめる。
❻さらにゆっくりと後退して、車体が縁石に対して平
　行となるようにハンドルを右に戻し、車体とハンド
　ルをまっすぐにして停止する。
❼合図を右に出し、左右の安全を確認してから右側に
　脱出する。車の右側に内輪差以上の余地がない場合
　は、幅寄せをして、左側に入れ直してから脱出する
　こと。

左バックによる方向変換

車体を左側に寄せながら、車体を平行に誘導する。このとき、車庫内の安全を確認する

ハンドルをやや右に切り、車庫に入れやすい位置で停止する

ハンドルを左いっぱいに切りながら後退する

後端が50cm未満となるように車を止め、その後、右側に脱出する

こんな失敗をしやすい

後退するときに車の動きをよく見ていないと、後輪が接輪してしまう

後退しすぎると、後端がポールに接触してしまう

余地がないまま無理に脱出すると、後輪が脱輪してしまう

こんなときはどうする？

脱出するとき、右後輪が脱輪してしまった！

対処法 幅寄せをして、車体を左側に寄せる

前進で寄せる場合は、ハンドルを左いっぱいに切る

そのまま前進してハンドルを戻す。さらにハンドルを右いっぱいに切って前進する（その後、まっすぐ後退する）

路端における停車および発進

路端への停車の手順

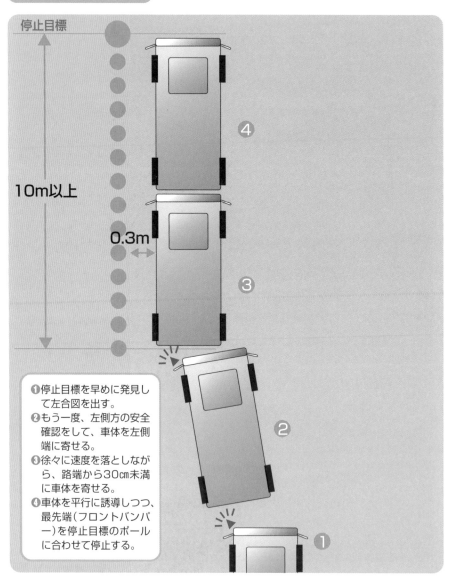

停止目標

10m以上

0.3m

④

③

②

①

❶停止目標を早めに発見して左合図を出す。
❷もう一度、左側方の安全確認をして、車体を左側端に寄せる。
❸徐々に速度を落としながら、路端から30cm未満に車体を寄せる。
❹車体を平行に誘導しつつ、最先端（フロントバンパー）を停止目標のポールに合わせて停止する。

POINT

➡️ 道路の左端に設けられたポールを目標にして、車体を正確に止める
➡️ その後、前方の障害物を回避して安全に発進する
➡️ 左後方のオーバーハングの振り出しに要注意

路端における停車の方法

停止目標を早めに発見して、左合図を出す。左側方に二輪車などがいないか安全を確かめる

もう一度、左側方の安全確認をして、車体を左側端に寄せる。急ハンドルにならないように注意する

徐々に速度を落としながら、路端から30cm未満に車体を寄せる。左ミラーを見ながら誘導する

車体を平行に誘導しつつ、最先端(フロントバンパー)を停止目標に合わせて停止する

路端への発進の手順

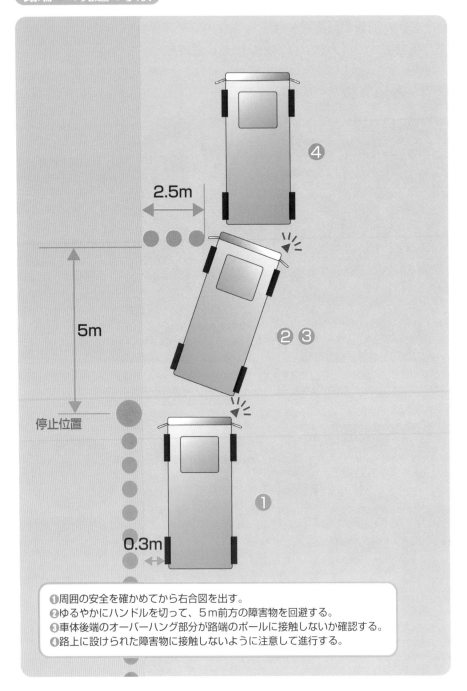

2.5m

5m

停止位置

0.3m

❶周囲の安全を確かめてから右合図を出す。
❷ゆるやかにハンドルを切って、5m前方の障害物を回避する。
❸車体後端のオーバーハング部分が路端のポールに接触しないか確認する。
❹路上に設けられた障害物に接触しないように注意して進行する。

路端における発進の方法

周囲の安全を確かめて
から右合図を出す

ゆるやかにハンドルを
切って、5m前方の障
害物を回避する

車体後端のオーバーハ
ング部分が、路端のポ
ールに接触しないか確
認する。前方の障害物
だけに気を取られない
ように注意する

路上に設けられた障害
物の幅は、2.5m。内
輪差による影響で、車
体が障害物と接触しな
いように注意する

こんなときはどうする？

停止するとき、車体が縁石に対して斜めになってしまった！

対処法 切り返しなどをして、車を平行に止め直す

周囲の安全を確認して後退する。ハンドルをやや左に切って、後輪を縁石に近づける

車体が縁石と平行になったら停止する。前進して、最先端（フロントバンパー）を停止目標に合わせて停止する

こんなときはどうする？

発進するとき、車体の後端が路端のポールに接触してしまった！

対処法 もう一度停止目標に戻って、やり直しをする

まず、ただちに停止し、ハンドルはそのままで後退する。このとき、後方の安全確認を怠ってはならない

停止目標が近づいてきたらハンドルを戻し、もう一度停止目標で停止する

もう一度、周囲の安全を確かめてから発進する。大きく右にハンドルを切るとまた接触するので、前方の障害物に近づいてからゆっくりとハンドルを切ること

コース内課題⑪
隘路への進入
（あい　ろ）

右折での隘路への進入手順

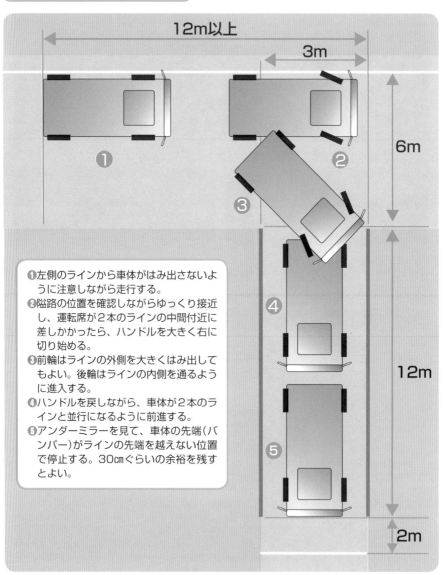

12m以上

3m

6m

12m

2m

①左側のラインから車体がはみ出さないように注意しながら走行する。

②隘路の位置を確認しながらゆっくり接近し、運転席が２本のラインの中間付近に差しかかったら、ハンドルを大きく右に切り始める。

③前輪はラインの外側を大きくはみ出してもよい。後輪はラインの内側を通るように進入する。

④ハンドルを戻しながら、車体が２本のラインと並行になるように前進する。

⑤アンダーミラーを見て、車体の先端（バンパー）がラインの先端を越えない位置で停止する。30cmぐらいの余裕を残すとよい。

POINT

➡ 隘路とは、狭くて通りにくい道のことをいい、車両感覚が必要

➡ コース内に引かれた2本線の範囲内に車両を平行に止める

➡ 右折進入と左折進入の基本操作はほぼ同じ

右折での隘路への進入方法

左側のラインから車体がはみ出さないように
注意しながら走行する。ラインからおおむね
30cmぐらいの位置を走行するとよい

隘路の位置を確認しながらゆっくり接近し、
運転席から2本のラインの中間付近に差しか
かったら、ハンドルを大きく右に切り始める

前輪は、ラインの外側
を大きくはみ出しても
よい。後輪は、ライン
の内側を通るように進
入する。右ミラーで確
かめながら進行する

ハンドルを戻しながら、車体が2本のラインと並行になる
ように前進する。左右のミラーを見ながら誘導すること

アンダーミラーを見て、車体の先
端（バンパー）がラインの先端を越
えない位置で停止する。30cmぐ
らいの余裕を残すとよい

左折での隘路への進入手順

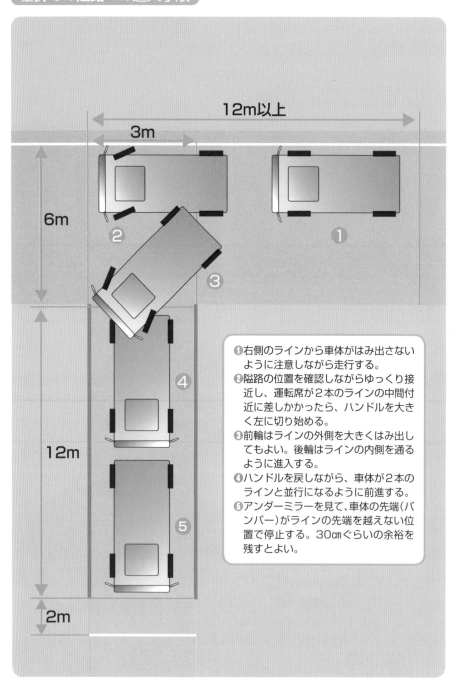

12m以上

3m

6m

② ①

③

12m

④

⑤

2m

❶右側のラインから車体がはみ出さない
ように注意しながら走行する。

❷隘路の位置を確認しながらゆっくり接
近し、運転席が2本のラインの中間付
近に差しかかったら、ハンドルを大き
く左に切り始める。

❸前輪はラインの外側を大きくはみ出し
てもよい。後輪はラインの内側を通る
ように進入する。

❹ハンドルを戻しながら、車体が2本の
ラインと並行になるように前進する。

❺アンダーミラーを見て、車体の先端(バ
ンパー)がラインの先端を越えない位
置で停止する。30cmぐらいの余裕を
残すとよい。

左折での隘路への進入方法

1 右側のラインから車体がはみ出さないように注意しながら走行する。ラインからおおむね30cmぐらいの位置を走行するとよい

2 隘路の位置を確認しながらゆっくり接近し、運転席から2本のラインの中間付近に差しかかったら、ハンドルを大きく左に切り始める

3 前輪は、ラインの外側を大きくはみ出してもよい。後輪は、ラインの内側を通るように進入する。左ミラーで確かめながら進行する

ハンドルを戻しながら、車体が2本のラインと並行になるように前進する。左右のミラーを見ながら誘導すること

アンダーミラーを見て、車体の先端（バンパー）がラインの先端を越えない位置で停止する。30cmぐらいの余裕を残すとよい

こんなときはどうする？

車体が2本のラインに対して斜めに止まってしまった！

対処法 切り返しをして平行に止め直す

ハンドルを大きく右に切りながら後退し、切り返しをする。このとき、平行する2本のラインの後端から後車輪の車軸（車体後方のオーバーハングを除いた部分）が越えてはならない。次に、ハンドルを大きく左に切りながら前進し、2本のラインに対して車体を平行にする。このとき、2m前方にあるラインから車体の先端（バンパー）が越えてはならない

車体が2本のライン内に平行に納まったら停止する。試験官に終了したことを告げる

車体が左側のラインから逸脱して止まってしまった！

対処法 幅寄せを行って、もう一度入れ直す

まず、ハンドルを大きく左に切りながら前進し、幅寄せをする。このとき、2m前方にあるラインから車体の先端（バンパー）が越えてはならない

次に、ハンドルを大きく右に切りながら後退し、2本のラインに対して車体を平行にする。このとき、平行する2本のラインの後端から後車輪の車軸（車体後方のオーバーハングを除いた部分）が越えてはならない

前進し、車体が2本のライン内に平行に納まったら停止する。試験管に終了したことを告げる

コース内課題⑫
踏切の通過と発進

踏切の通過と発進の手順

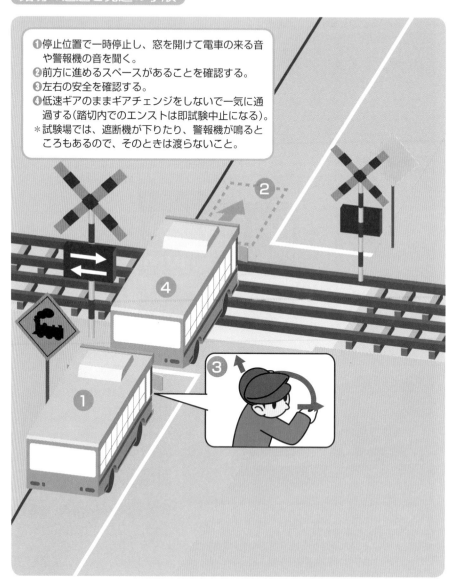

❶停止位置で一時停止し、窓を開けて電車の来る音や警報機の音を聞く。
❷前方に進めるスペースがあることを確認する。
❸左右の安全を確認する。
❹低速ギアのままギアチェンジをしないで一気に通過する(踏切内でのエンストは即試験中止になる)。
＊試験場では、遮断機が下りたり、警報機が鳴るところもあるので、そのときは渡らないこと。

POINT

➡️「止まれ・見よ・聞け」が踏切通過の基本
➡️踏切では、窓を開け、目と耳で安全を確認する
➡️エンストを防止するため、低速ギアで一気に通過する

踏切通過と発進のポイント

停止位置で一時停止し、窓を開けてから目と耳で安全を確認する

踏切内では、エンストを防止するため、ギアチェンジをしないで低速ギアで一気に通過する

こんな失敗をしやすい

停止線の手前で止まらなかったり、窓を開けて確認しないまま発進してしまった

アクセルとクラッチの調和が悪く、踏切内でエンストしてしまった

コース内課題⑬
坂道の通過と発進

坂道の通過と発進の手順

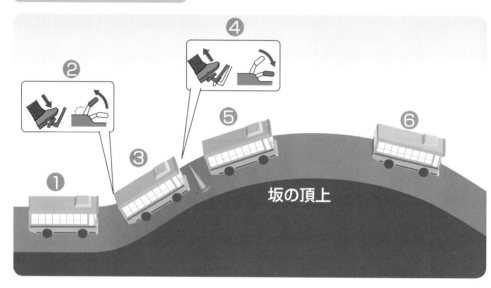

坂の頂上

坂道の通過と発進のポイント

1 坂道の通過

低速ギアで、ややアクセルを踏み込む

POINT

➡️上り坂では低速ギアで、ややアクセルを踏み込む

➡️発進では半クラッチを保ち、ハンドブレーキをゆっくり外す

➡️下り坂では、クラッチを切らずにエンジンブレーキを使用する

①坂道を上るときは1速か2速を使い、ややアクセルを踏み込む。

②停止場所に差しかかったらブレーキを踏み、ハンドブレーキをしっかり引いて車を止める。

③後方に車がいないか、周囲の安全を確認する。

④ギアを2速(1速)に入れ、半クラッチ状態をつくり、ハンドブレーキを外しながら発進する。

⑤2速(1速)のまま坂を上り、坂の頂上付近では徐行する。

⑥下り坂では2速(1速)を使い、クラッチは切らない。エンジンブレーキとフットブレーキを併用しながら坂を下る。

ギアを2速(1速)に入れ、クラッチを徐々につないで半クラッチ状態をつくり、ハンドブレーキを外しながら発進する

2 坂道発進

①半クラッチ状態でハンドブレーキを外す

下り坂

下り坂では2速（または1速）を使い、クラッチは切らないこと。エンジンブレーキとフットブレーキを併用しながら坂を下る

こんな失敗をしやすい

ハンドブレーキを外すタイミングが悪いと、後退してしまう

アクセルとクラッチの調和が悪いと、エンストしてしまう

技能試験
減点適用基準表

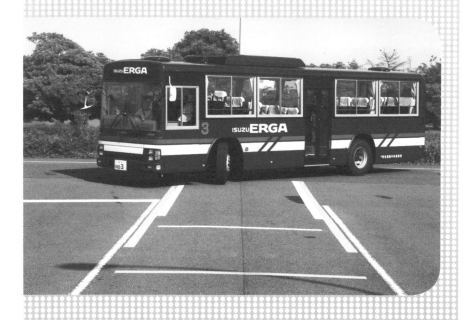

減点適用基準表

以下の表は、検定中に試験官が行う減点項目を具体的に解説したものです。減点事項に当てはまらないかどうかを確認して、減点されない運転を心がけましょう。

注１：〔　〕は、「技能試験成績表（事例）」に用いる略称を示す。
注２：減点数欄の赤色数字は、特別減点細目を示す。
注３：減点数欄の「危」は、「危険行為等」の略称を示す。
＊四輪車にかかわるもの以外は削除してあります。

令和６年８月現在

減点細目	減点数		適用事項
	路上	場内	
安全措置不適〔措置〕	5	5	安全措置をしない次の場合 １．運転席のドアを完全に閉めないで走行したとき〔ドア〕 ２．発進時、バックミラーが合っているかどうかを確認しないとき〔鏡〕 ３．ギアが入ったままクラッチを切らないで、エンジンを始動したとき〔ギア〕 ４．ハンド(駐車)ブレーキを戻さないで走行したとき〔手B〕 ５．オートマチック車(以下「ＡＴ車」という)で、フットブレーキまたはハンド(駐車)ブレーキを用いずにエンジンを始動したとき〔B〕 ６．ＡＴ車で、停止中にフットブレーキまたはハンド(駐車)ブレーキを用いずにチェンジレバーを操作したとき〔A変速〕
	10	10	７．シートベルトを着用しないとき〔帯〕
運転姿勢不良〔四輪姿勢〕	5	5	運転中、正しい姿勢をとらない次の場合 １．シートの調節をしないため、またはシート調節が不適切なため、不自然な姿勢のとき〔席〕 ２．ハンドルに正対していないとき〔正対〕

減点細目		減点数		適用事項
		路上	場内	
運転姿勢不良〔四輪姿勢〕		5	5	3．直進中に、ハンドルの下側だけを、または片手でハンドルを保持しているとき〔保持〕 4．カーブのたびに両腕を交差したままハンドルを保持しているとき〔腕〕 5．ハンドル操作のたびに上体を著しく横に傾けるとき〔上体〕 6．ブレーキペダルへの足のかけ方が、常時不適切なとき〔足〕
アクセルむら〔Aむら〕		5	5	1．アクセルのふかしすぎ、クラッチの急接その他発進操作不良のため、おおむね 0.4 Gを超える加速度を生じる発進をした場合〔急発〕 2．アクセルまたはクラッチの操作不良もしくは変速操作不良のため、車体ノックが生じた場合〔ノック〕 3．操作不良のため、おおむね 3,000回転を超える空ぶかしを生じた場合〔空転〕
エンスト		10	5	操作不良のため、エンジンが停止した場合
逆行	〔小〕	10	10	停止した地点から進行しようとする反対方向に、おおむね 0.3m以上 0.5m未満進行した場合
	〔中〕	20	20	停止した地点から進行しようとする反対方向に、おおむね 0.5m以上 1m未満進行した場合
	〔大〕	危	危	1．停止した地点から進行しようとする反対方向に、おおむね 1m以上進行した場合 2．逆行がおおむね 1m未満でも危険な場合
発進手間どり		10	5	発進時期の判断不良、または操作不良のため、発進に手間どった次の場合。ただし、発着点では適用しない 1．通常発進すべき状況のときから、おおむね5秒以内に発進しないとき 2．正常な発進および走行をした前車に続いて発進できる状況にもかかわらず、前車がおおむね15m以上進行しても発進しないとき 3．エンスト後、おおむね5秒以内にエンジンを始動させないとき

減点適用基準表

減点細目		減点数		適用事項
		路上	場内	
発進不能		危	危	1. おおむね一車長の間でエンストを4回生じた場合〔4回〕 2. 青信号で発進しようとしたが、操作不良（エンストを含む）のため、その青信号の間停止し、または停止しているおそれのある場合〔信号〕 3. 優先車待ちの判断不良、または信号に対する判断不良のため、発進できる状況にもかかわらず不要に停止をしていることにより、周囲の交通に迷惑をおよぼし、またはおよぼすおそれのある場合〔停止〕 4. 明らかな技量未熟のため、おおむね1分を過ぎても発進できない場合〔発進〕
速度維持	〔課題外〕	10	10	道路および交通の状況に応じた加速が不適切な次の場合 1. 通常出し得る速度に達するのが遅いとき 2. 通常出し得る速度を維持しないとき
	〔課題〕	－	10	試験課題履行条件による速度指定区間を、指示速度よりおおむね5km/h以上遅い速度で進行した場合〔区間〕
合図不履行等	〔発進合図〕		5	路端から発進する場合 1. 方向指示器を操作しないとき〔しない〕 2. 発進後の進路変更が終わるまで合図を継続しないとき〔続〕 3. 発進後の進路変更が終わっても合図をやめないとき〔もどし〕
	〔変更合図〕	5		進路を変更する場合 1. 進路変更の合図をしないとき〔しない〕 2. 進路変更が終わるまで合図を継続しないとき〔続〕 3. 進路変更が終わっても合図をやめないとき〔もどし〕 4. 合図をした時期が遅い、または著しく早いとき〔不適〕
	〔右左折合図〕		5	右折(転回を含む。以下この細目中同じ)または左折をする場合 1. 右折または左折の合図をしないとき〔しない〕 2. 右左折が終わるまで合図を継続しないとき〔続〕 3. 右左折が終わっても合図をやめないとき〔もどし〕 4. 合図をした時期が遅い、または著しく早いとき〔不適〕

減点細目		減点数		適用事項
		路上	場内	
合図不履行等	〔環状合図〕	5	−	環状交差点を出る場合 1. 環状交差点を出る合図をしないとき〔しない〕 2. 環状交差点を出るまで合図を継続しないとき〔続〕 3. 環状交差点を出ても合図をやめないとき〔もどし〕 4. 合図をした時期が遅い、または著しく早いとき〔不適〕
安全不確認〔不確認〕		10	10	1. 路端から発進する直前に、直接目視により右後方およびその他周囲の安全を確認しない場合、またバス型の車両において交差点等での発進の際に、直接目視またはミラーにより車両の内外の安全を確認しない場合〔発進〕 2. 後退する直前に、後退する場所および方向の安全を直接目視により確認しない場合〔後退〕 3. 後退中に、側方または後退する方向の安全を直接目視により確認しない場合〔周囲〕 4. 四輪車で左折しようとする直前に、直接目視またはバックミラーにより車体の左側方の安全を確認しない場合〔巻き込み〕 5. 進路を変えようとする場合(転回を含む)に、直接目視とバックミラーにより、変えようとする側の側方および後方の安全を確認しないとき〔変更〕 6. 交差点(環状交差点を除く。以下この項目において同じ)に入ろうとし、もしくは交差点内を通行する場合に、交差点の状況に応じ交差道路を通行する車両等、反対方向から進行してきて右折する車両等または交差点もしくはその直近で道路を横断する歩行者もしくは軽車両に対する安全の確認をしないとき〔交差点〕 7. 環状交差点に入ろうとし、もしくは環状交差点内を通行する場合に、環状交差点内の状況に応じ環状交差点に入ろうとする車両等、環状交差点内を通行する車両等、または環状交差点、もしくはその直近で道路を横断する歩行者、もしくは軽車両に対する安全の確認をしないとき〔環状交差点〕

減点適用基準表

減点細目	減点数 路上	減点数 場内	適用事項
安全不確認〔不確認〕	10	10	8. 走行中にバックミラーによる後方の確認をまったくしない場合(進路変更または後退時の後方確認を除く)〔後方〕 9. 踏切に入る直前に、安全を確認するため、運転者側の窓を開け、かつ左右を直接目視しない場合〔踏切〕 10. 走行中に、計器類もしくは車外の一点などに気を奪われ脇見をしていた場合、または歩行者、車両等その他の障害物に接近した場合、もしくは物かげで見通しのきかない場合に脇見をしたとき〔脇見〕 11. 降車時等ドアを開けようとする場合に、直接目視をして後方を確認しないとき〔降車〕 12. 大型車、中型車、またはけん引車において、路端から発進する場合、または右左折する場合等に、直接目視またはバックミラーにより、ハンドルを切る側と反対側後方の安全を確認しないとき〔振出〕
惰力走行〔エンブレ〕	5	5	1. ブレーキをかける以前、またはブレーキをかけるのと同時に動力の伝達を断つなどして惰力走行をした場合〔断〕 2. 変速操作の前後で不必要な惰力走行をした場合〔前後〕
	5	5	走行速度に関係なく下り坂で惰力走行をした場合、およびAT車で下り坂(場内コースを除く)をDレンジのまま走行した場合〔坂〕
制動操作不良 〔ブレーキ〕	5	5	1. 道路および交通の状況に応じ、制動の必要が予測される状況(法令に基づく徐行場所、または徐行すべき場合を含む)にもかかわらず、ブレーキペダルに足を移して制動の構えをしない場合〔構〕 2. 交通の状況に余裕があるにもかかわらず、ブレーキの断続操作(制動合図および制動を早めに行い、かつ車輪ロックを防止し、円滑な制動を行うため、ブレーキペダル等を徐々に弱く、2〜3回以上に踏み分けること)をしない場合〔断〕

減点細目		減点数		適用事項
		路上	場内	
制動操作不良	(ブレーキ)	5	5	3. 信号待ち等で暫時停止している間にブレーキを効かせていない場合、またはハンドブレーキをかけない場合〔待〕 4. 路端への停車および発進の課題における停車時に、ギアをニュートラル(AT車はPレンジ)とせず、ハンド(駐車)ブレーキをかけず、またはブレーキペダル等によるブレーキを効かせていない場合〔停車〕 5. ブレーキのかけ方が強すぎるため、おおむね 0.4Gの加速度を生じた場合。ただし、脱輪大または接触を防止するための場合は適用しない〔不円滑〕
	(クリープ)	10	5	停止状態を保持すべき場合に、クリープ現象のためおおむね 0.3m以上移動したとき
速度速過ぎ	〔小〕	10	10	1. 道路および交通の状況に適した安全速度よりおおむね5km/h未満速い場合〔速い〕 2. カーブでおおむね 0.3G以上 0.4G未満の横加速度を生じた場合〔カーブ〕
	〔大〕	20	20	1. 道路および交通の状況に適した安全速度よりおおむね5km/h以上速い場合〔速い〕 2. カーブでおおむね 0.4G以上の横加速度を生じた場合、またはカーブ手前の直線部分での制動時期が遅れ、ブレーキをかけながらカーブに入った場合、またはカーブに入ってからブレーキをかけた場合〔カーブ〕
暴走		危	危	ブレーキ、ハンドル等のコントロールを失い、危険な場合
切り返し		10	5	切り返しをしないで通過しなければならないにもかかわらず切り返しをした場合、または「縦列駐車」、けん引車の「方向変換」、「隘路への進入」もしくは「路端における停車および発進」の課題で、場内試験の試験課題履行条件が満たされないため、試験官の指示を受け、もしくは受験者の判断で切り返しをした場合。ただし、同一の狭路コース(鋭角コースを除く)の入口から出口までの間、隘路への進入または路端における停車および発進における1回、および鋭角コースの入口から出口までの間は適用しない

減点適用基準表

減点細目		減点数		適用事項
		路上	場内	
急ハンドル		10	10	四輪車で走行中、急激なハンドル操作をしたため、おおむね0.3Gを超える横加速度を生じた場合〔急〕
ふらつき	〔小〕	10	10	ハンドル操作不良のため次の状態になった場合 1. 左右に車幅のおおむね2分の1未満の幅でおおむねS字状（長いS字状になったときを含む）になったとき〔S〕 2. 右または左のいずれかに車幅のおおむね2分の1未満の幅でおおむね半円状になったとき（カーブで車幅のおおむね2分の1未満の幅が正常な走行軌跡から外れて走行したときを含む）〔半〕
	〔大〕	危	20	ハンドル操作不良のため次の状態になった場合 1. 左右に車幅のおおむね2分の1以上の幅で、おおむねS字状（長いS字状になったときを含む）になったとき〔S〕 2. 右または左のいずれかに車幅の約2分の1以上の幅で、おおむね半円状になったとき（カーブで車幅のおおむね2分の1以上の幅が、正常な走行軌跡から外れて走行したときを含む）〔半〕
通過不能		危	危	1. 四輪車で狭路コースの入口から出口までの間において、または隘路への進入もしくは路端における停車および発進の課題において、場内試験の試験課題履行条件が満たされないため切り返し（脱輪または接触したときの復帰するための行為を含む）を4回行った場合〔4回〕 2. 路上試験において判断不良、または操作不良のため、おおむね同一の場所で切り返しを2回行った場合〔路上〕
停止位置不適〔停止位置〕		5	5	1. 法令に基づく停止線（一時停止の指定場所で停止線のない場合は交差点）の手前からおおむね2m以上手前で停止した場合〔線〕 2. 停止目標物（ポール等）から、車体の指定箇所が前方、または後方に離れて停止した次の場合〔前・後〕

減点細目	減点数		適用事項
	路上	場内	
停止位置不適 〔停止位置〕	5	5	①場内試験の走行終了時、ならびに路端における停車および発進の課題における初回の停車時は、おおむね0.3m以上離れたとき ②路上試験の路端への停車および発進の課題における停車時は、指定されたドア幅のおおむね2分の1を超えて離れたとき
巻き込み防止 措置不適 〔巻き込み〕	10	5	四輪車が左折する場合、または環状交差点に入る場合に、巻き込み防止のため次の措置をしない場合 1．進行方向の交差点の直前に二輪車（軽車両を含む。以下この細目で同じ）がある場合、または二輪車と並行した場合にその二輪車を先発、もしくは先行させないとき〔二輪〕 2．交差点の手前で二輪車が試験車の左側を追い抜くのを防止するため、交差点の手前からおおむね30m以上手前で進路を変えたが、できるだけ道路の左側端に寄らないとき〔離〕
側方等間隔 不保持 〔側方間隔〕	20	20	1．対向車との行き違い、前車の追い抜き、または駐停車車両、建造物その他の障害物（歩行者および軽車両を除く）の側方通過時に、試験車との側方間隔を保たず、または保とうとしない次の場合。ただし、やむを得ない状況のため所定の間隔を保てない場合には適用しない ①移動物または人が乗車していることが予想される駐停車車両などの可動物と、おおむね1m以上の間隔を保たず、または保とうとしないとき〔移・可〕 ②建造物、人が乗車していないことが明らかな駐車車両などの不動物と、おおむね0.5m以上の間隔を保たず、または保とうとしないとき〔不〕 2．停止している車両に追いついて停止した場合に、前車とおおむね1.5m以上の距離を保たず、または保とうとしないとき〔前〕

減点適用基準表

減点細目		減点数		適用事項
		路上	場内	
脱輪	〔小〕	10	5	縁石に車輪が接触した場合(場内試験において、コースから車輪の接地面部の一部が逸脱した場合を含む)。ただし、縦列駐車を完了した場合、または路端へ停車する場合に左前車輪が縁石に接触したとき(場内試験において、コースから車輪の接地面部の一部が逸脱した場合を含む)は適用しない
	〔中〕	−	20	場内コースにおいて、四輪車で縁石に車輪を乗り上げ、またはコース外に落輪した場合において、乗り上げ、または落輪した地点からおおむね 1.5m未満で停止したとき
	〔大〕	危	危	1. 場内コースにおいて、四輪車で縁石に車輪を乗り上げ、またはコース外に落輪した地点からおおむね 1.5m以上走行した場合(隘路への進入の課題を除く) 2. 場内コースの隘路への進入の課題において、走行線から車輪の接地面部の一部が逸脱した場合、またはおおむね90度車体の向きを変えた後に切り返し範囲を逸脱した場合 3. 歩道、島状の施設を有する安全地帯、分離帯等の工作物に車輪を乗り上げ、もしくは側溝等に落輪した場合、またはそれらに乗り上げ、もしくは落輪するおそれがある場合
接触	〔小〕	−	20	場内コースに接置した障害物等に、車体(バックミラーを含む)が軽く接触した場合
	〔大〕	危	危	1. 場内コースに設置した障害物等に、車体が強く接触した場合、もしくは接触するおそれがある場合、または四輪車で軽く接触し、接触状態のまま走行を継続し、もしくは継続しようとした場合 2. 「路端における停車および発進」の課題において、停車位置に合わせた後に切り返し等のために車体の先端が停車位置目標のポールよりも後方となった場合、または後退して発進した場合

減点細目		減点数		適用事項
		路上	場内	
接触	〔大〕	危	危	3．歩行者、車両等、または建造物等に車体が接触するおそれがある場合
後方間隔不良		－	10	「後方間隔」の課題において、車体後部の中央部分と方向変換コース等に設けられた障害物との距離を0.5m以内とすることができずやり直したが、再度できなかった場合
路側帯進入〔路側帯〕		20	－	路側帯に車体が入り、または入ろうとした次の場合。ただし、法令の除外規定に該当する場合、または対向車との行き違いのためやむを得ない場合で、かつ歩行者もしくは軽車両の通行を妨げるおそれのないときは適用しない 1．車体の一部が入って通行し、または通行しようとしたとき 2．停車および駐車の禁止された路側帯、または幅員がおおむね0.75m以下の路側帯に、車体の一部が入って停車し、または停車しようとしたとき、もしくは駐車し、または駐車しようとしたとき
通行帯違反〔通行帯〕		10	5	1．通行の区分が指定されていない車両通行帯を、その最も右側の車両通行帯を通行し、または通行しようとした場合。ただし、路線バス等優先通行帯の直近の右側を通行する場合、もしくは法令の除外規定に該当する場合には適用しない〔右端〕 2．通行の区分が指定されている車両通行帯を、指定された通行の区分によらないで通行し、または通行しようとした場合。ただし、法令の除外規定に該当する場合には適用しない〔区分〕 3．直線路またはカーブで、車両通行帯から車体の一部がはみ出したまま通行をした場合〔線〕 4．3以上の車両通行帯が設けられた道路の左から一番目以外（最も右側を除く）の車両通行帯を、その道路の最高速度よりおおむね5km/h以上遅い速度で通行し、そのため他の自動車の通行を妨げることとなる場合〔低速〕

減点適用基準表

減点細目	減点数 路上	減点数 場内	適用事項
追いつかれ義務違反〔追いつかれ〕	10	—	1. 追いついた車両が、試験車の追い越しを終わらないうちに、試験車が速度を増した場合〔増速〕 2. 車両通行帯が設けられていない道路の中央(一方通行となっているときは道路の右側端)との間に、追いついた車両が通行するのに十分な余地がない場合に、できるだけ道路の左側端に寄ってこれに進路を譲らないとき。ただし、追いついた車両が明らかにその道路の最高速度より速い速度の場合には適用しない〔避譲〕
バス等優先通行帯違反〔バス等優先〕	10	—	1. 路線バス等優先通行帯から出ることができないおそれがあるにもかかわらず、路線バス等が後方から接近してきた場合に、そこへ入り、または入ろうとしたとき〔入〕 2. 後方から路線バス等が接近してきた場合に、すみやかに路線バス等優先通行帯の外に出ようとしないとき〔出〕
軌道敷内違反〔軌道敷内〕	10	—	1. 軌道敷内を通行し、または通行しようとした場合。ただし、右左折、横断もしくは転回するため軌道敷を横切る場合、または危険防止のためやむを得ないときは適用しない〔通〕 2. 軌道敷内を通行することができるとされている場合に、軌道敷内を通行することによって路面電車の通行を妨げるおそれがあるとき、または後方から路面電車が接近してきたが、すみやかに軌道敷外に出ないとき、または必要な距離を保たないとき〔内〕
右側通行	危	危	1. 道路の中央から右の部分(以下「右側部分」という)を通行し、または通行しようとした場合。ただし、法令の除外規定に該当する場合は適用しない〔区分〕 2. 道路の中央から左の部分(以下「左側部分」という)の幅員が6m未満で、道路の右側部分を見通すことができない場合、または反対方向からの交通を妨げるおそれがある場合に、追い越そうとして道路の右側部分にはみ出し、またははみ出そうとしたとき〔追越し〕

減点細目	減点数 路上	減点数 場内	適用事項
右側通行	危	危	3. 道路標識等により、追い越しのため道路の右側部分にはみ出して通行することを禁止している道路で、追い越しのため道路の右側部分にはみ出し、またははみ出そうとした場合〔はみ禁〕 4. 道路の左側を通行している歩行者、軽車両または障害物を避けようとして、反対方向からの交通を妨げるおそれがある場合に、道路の右側部分にはみ出し、またははみ出そうとしたとき〔障害〕
安全地帯等進入〔安全地帯等〕	危	危	安全地帯（島状の施設のものを除く）、もしくは立入り禁止部分に入り、または入ろうとした場合
進路変更違反 〔狭路変更〕	−	5	狭路コース（縦列駐車コースを除く）へ左折しようとした次の場合 1. 進路変更をまったくしないとき〔しない〕 2. 進路を変えたが、道路の左側端からおおむね1m以上離れているとき〔離〕 3. 進路を変え終わったのが、狭路コースの入口からおおむね30m未満のとき〔遅〕 4. 狭路コースの入口の直前で、右へハンドルを操作したとき〔右振〕
進路変更違反 〔交差点変更〕	10	5	1. 狭路コースの入口、および環状交差点を除く交差点で左折しようとし、道路外へ出るために左折しようとし、または環状交差点で左折、右折、直進もしくは転回しようとした次の場合 　①進路変更をまったくしないとき、またはしようとしないとき〔左しない〕 　②進路を変え終わったのが、交差点の手前、または左折しようとして、もしくは環状交差点に入ろうとして道路の左側端に寄っている車両からおおむね30m未満のとき〔左遅〕 　③左折（環状交差点における左折を除く）する直前、または環状交差点に入るもしくは出る直前で右へハンドルを操作したとき〔右振〕 2. 環状交差点を除く交差点で右折、または道路外へ出るために右折しようとした次の場合

減点適用基準表

減点細目		減点数		適用事項
		路上	場内	
進路変更違反	〔交差点変更〕	10	5	①進路変更をまったくしないとき、またはしようとしないとき〔右しない〕 ②進路を変え終わったのが交差点の手前、または右折しようとして道路の中央(一方通行となっている道路においては道路の右側端)に寄っている車両からおおむね30m未満のとき〔右遅〕 ③右折する直前に、左へハンドル操作したとき[左振] ④進路を変えたが、道路の中央からおおむね0.5m(一方通行となっている道路においては道路の右側端からおおむね1m)以上離れているとき〔右離〕 3．転回(環状交差点における転回を除く)をする直前に左へハンドルを操作したとき〔左振〕
進路変更禁止違反〔変更禁止〕		20	10	1．みだりに進路を変えた場合〔みだり〕 2．進路変更禁止の場所で、その道路標示を越えて進路を変え、または変えようとした場合。ただし、法令の除外規定に該当する場合は適用しない〔標示〕
後車妨害		危	危	1．後方から進行してくる車両の速度、または方向を急に変更させることとなるおそれがある場合に、進路を変え、または変えようとしたとき〔妨害〕 2．進路を変えることができるにもかかわらず、その時期を失い進路を変えないため、試験車の後方から進行してくる車両の通行の妨害となり、または妨害となるおそれがある場合〔時期〕
右左折方法違反〔交差点内〕		5	5	1．左折する場合に、交差点(環状交差点を除く、以下第4項まで同じ)内の道路左側端から左後車輪(けん引車はトレーラーの左後車輪、後輪操向車は左前車輪)がおおむね1m以上離れて通行したとき(道路標識等により通行すべき部分が指定されている場合を除く)。ただし、交差点のすみ切り半径が3m未満の場合は、おおむね1.5m以上離れて通行したときとする〔左大回〕 2．右折する場合に、交差点の中心(中心の標示があるときはその標示)の内側から、左前車輪がおおむね2m以上離れて通行したとき(道路標識等により通行すべき部分が指定されている場合を除く)〔右斜〕

減点細目	減点数		適用事項
	路上	場内	
右左折方法違反 〔交差点内〕	5	5	3．右折する場合に、交差点の中心（中心の標示がある ときはその標示）の外側を右前車輪が通行したとき （道路標識等により通行すべき部分が指定されてい る場合を除く）〔右外〕 4．右左折する場合に、交差点の道路標識等により指定 された通行すべき部分から、本来であれば最も近い こととなる前車輪がおおむね2m以上離れて通行し たとき〔標示〕 5．環状交差点内の環状部分の側端から、左前車輪がお おむね2m以上離れて通行した場合、または環状交 差点に入る場合、もしくは出る場合に、環状交差点 の側端から、左後車輪（けん引車はトレーラーの左 後車輪、後輪操向車は左前車輪）がおおむね1m以 上離れて通行したとき（道路標識等により通行すべ き部分が指定されている場合を除く）。ただし、環 状交差点のすみ切り半径が3m未満の場合は、おお むね1.5m以上離れて通行したときとする〔環状〕 6．環状交差点において、道路標識等により指定された 通行すべき部分から、本来であれば最も近いことと なる前車輪がおおむね2m以上離れて通行した場合 〔環状標示〕
安全進行違反 〔安全速度〕	10	10	1．交差点に入ろうとし、もしくは交差点内を通行する 場合に、交差点の状況に応じてできるかぎり安全な 速度と方法で進行しないとき。ただし、環状交差点 を除く交差点において、優先道路または明らかに幅 員の広い道路を通行しているときは適用しない 2．黄信号になる前に交差点を通過しようとして交差点 の手前から速度を増した場合
課題不履行	10	−	「路端への停車および発進」の課題において、技量未熟の ため停車できない次の場合 1．指定場所による停車で、停車できないとき〔指定〕 2．直前合図による停車で、停車できないとき〔直前〕 3．「転回」の課題において、試験官に指示された区間内 で技量未熟のため転回できないとき〔転回〕

受験ガイド&試験コース

PART1 大型バス 運転操作の基本

PART2 コース内課題 攻略テクニック

PART3 技能試験 減点適用基準表

PART4 学科試験 実戦問題と解説

減点適用基準表

減点細目	減点数		適用事項
	路上	場内	
徐行違反〔徐行〕	20	20	次の場合（場所）で徐行せず、または徐行しようとしないとき １．安全地帯に停車中の路面電車に追いついて、その左側を通過するとき〔電車〕 ２．路面電車から1.5m以上の間隔を保つことができる場合で、降車する者がいない停車中の路面電車に追いつき、その左側を通過するとき〔電車〕 ３．環状交差点を除く交差点を右折または左折（道路外へ出る場合を含む）するとき〔右左折〕 ４．環状交差点に入ろうとするとき、または環状交差点において右折、左折、直進もしくは転回するとき〔環状〕 ５．交通整理の行われていない優先道路に入ろうとするとき〔優先路〕 ６．交通整理の行われていない幅員が明らかに広い道路に入ろうとするとき。ただし、試験車が優先道路を通行しているときは適用しない〔広路〕 ７．道路標識等による徐行指定場所を通行するとき〔標識〕 ８．左右の見通しのきかない交差点に入ろうとし、または交差点内で左右の見通しがきかない部分を通行しようとするとき。ただし、交通整理の行われているとき、または試験車が優先道路を通行しているときは適用しない〔見通〕 ９．道路の曲がり角付近を通行するとき〔角〕 10．上り坂の頂上付近を通行するとき〔頂〕 11．こう配の急な下り坂を通行するとき〔坂〕
進行方向別通行区分違反〔方向別通行〕	20	10	交差点で、進行する方向に関する通行の区分が指定されている場合に、その指定区分によって通行せず、または通行しようとしないとき。ただし、法令の除外規定に該当する場合には適用しない

減点細目	減点数		適用事項
	路上	場内	
交差点等 進入禁止違反 〔進入禁止〕	20	20	1. 前方の車両等の状況により、交通整理の行われている交差点内で試験車が停止することになり、そのため交差道路における車両等の通行の妨害となるおそれが明らかな場合に、交差道路に入り、または入ろうとしたとき〔交差〕 2. 前方の車両等の状況により、横断歩道もしくは自転車横断帯、または道路標示による停止禁止部分で停止することが明らかな場合に、その部分に入り、または入ろうとしたとき〔横歩・標示〕 3. 黄色の信号が表示された場合に、試験車が法令に定められた停止位置に近接しているため安全に停止することができないにもかかわらず、横断歩道または自転車横断帯(以下「横断歩道等」という)における歩行者もしくは自転車の通行の妨害となるおそれがある場所に停止したとき、または交差道路における車両等の通行の妨害となるおそれがある場所に停止したとき。ただし、ただちに横断歩道外もしくは自転車横断帯外、または車両等の通行の妨害とならない場所に移動した場合には適用しない〔黄信号〕
信号無視 〔信号〕	危	危	1. 赤色の信号(赤色の点滅を含む)が表示された場合に、法令に定められた停止位置を車体の一部が越え、または越えようとしたとき〔赤出〕 2. 黄色の信号が表示された場合に、安全に停止できるにもかかわらず、法令に定められた停止位置を車体の一部が越え、または越えようとしたとき〔黄出〕
優先判断不良 〔優先判断〕	20	10	他の車両等の進路の前方に出、もしくは出ようとしたため、進行妨害にいたらない程度で他の車両等に速度を減じさせ、停止させ、または方向を変えさせるなどの迷惑をおよぼし、もしくはおよぼそうとした次の場合 1. 交通整理の行われていない交差点において、交差道路を左方から進行してくる車両等に対するとき。ただし、試験車が優先道路、または交差道路より明らかに幅員の広い道路を通行している場合には適用しない〔左方〕

減点適用基準表

減点細目	減点数 路上	減点数 場内	適用事項
優先判断不良〔優先判断〕	20	10	２．交通整理の行われていない交差点において、優先道路である交差道路を通行する車両等に対するとき〔優先路〕 ３．交通整理の行われていない交差点において、明らかに幅員の広い道路である交差道路を通行する車両等に対するとき。ただし、試験車が優先道路を通行している場合には適用しない〔広路〕 ４．環状交差点を除く交差点で右折する場合に、直進しまたは左折しようとする車両等に対するとき〔右折〕 ５．環状交差点に入ろうとするときに、環状交差点内を通行する車両等に対するとき〔環状〕 ６．道路標識等による一時停止の指定場所で、発進後に交差道路を通行する車両等に対するとき〔一停〕
進行妨害	危	危	進行妨害をし、または進行妨害をするおそれがある次の場合 １．交通整理の行われていない交差点において、交差道路を左方から進行してくる車両等に対するとき。ただし、試験車が優先道路、または交差道路より明らかに幅員の広い道路を通行している場合には適用しない〔左方〕 ２．交通整理の行われていない交差点において、優先道路である交差道路を通行する車両等に対するとき〔優先路〕 ３．交通整理の行われていない交差点において、明らかに幅員の広い道路である交差道路を通行する車両等に対するとき。ただし、試験車が優先道路を通行している場合には適用しない〔広路〕 ４．環状交差点を除く交差点で右折する場合に、直進しまたは左折しようとする車両等に対するとき〔右折〕 ５．環状交差点に入ろうとするときに、環状交差点内を通行する車両等に対するとき〔環状〕 ６．道路標識等による一時停止の指定場所で、発進後に交差道路を通行する車両等に対するとき〔一停〕

減点細目	減点数		適用事項
	路上	場内	
横断等禁止違反〔横断等禁止〕	危	危	1. 他の車両等（自転車を除く）の正常な交通を妨害するおそれがある場合に、道路外の施設もしくは場所に出入りするために右左折し、横断し、転回し、もしくは後退した場合、またはしようとした場合〔妨害〕 2. 道路標識等により横断、転回もしくは後退が禁止されている道路の部分において、当該禁止された行為をした場合、またはしようとした場合〔標識〕
指定場所不停止〔一時不停止〕	危	危	道路標識等による一時停止の指定場所で、停止線（停止線が設けられていない場合は交差点）の手前で停止しない場合
泥はね運転	10	10	ぬかるみ、または水たまりを通行する場合に、泥土もしくは泥水等を飛散させて、他人に迷惑をおよぼすこととなるとき
横断者保護違反〔横断者保護〕	20	－	1. 横断歩道等を通過する際に、進路の前方を横断し、または横断しようとしている歩行者、もしくは自転車のいないことが明らかでないにもかかわらず、その横断歩道等に接近した場合に、横断歩道等の直前（停止線が設けられているときはその直前）で停止できるような速度で進行せず、または進行しようとしないとき〔直前速度〕 2. 横断歩道等およびその手前の側端から前に30m以内で、前方を進行している他の車両等（軽車両を除く）の前方に出るため、追い越しによらないでその側方を通過し、または通過しようとした場合。ただし、信号機の表示等により、歩行者または自転車（以下「歩行者等」という）の横断が禁止されている場合には適用しない〔追抜〕 3. 歩行者がいる安全地帯の側方を通過する場合に、徐行せず、または徐行しようとしないとき〔安地〕
歩行者保護不停止等〔歩行者保護〕	危	－	1. 道路外の施設もしくは場所に出入りするため歩道、もしくは路側帯を横断する場合、または路側帯に駐停車する場合に、歩道もしくは路側帯の直前で一時停止せず、または一時停止しようとしないとき〔歩道〕

減点細目	減点数		適用事項
	路上	場内	
歩行者保護 不停止等 〔歩行者保護〕	危	－	2．歩行者等の正常な通行を妨害するおそれがある場合に、道路外の施設もしくは場所に出入りするために右左折し、横断し、転回し、もしくは後退したとき、またはしようとしたとき〔妨害〕 3．安全地帯がある場合、または乗降する者がいない路面電車の左側から1.5m以上の間隔を保つことができる場合を除き、乗客が乗降を終わり、もしくは降りた者で試験車の前方を横断しようとしている者がいなくなるまで、路面電車の後方で停止しようとしていないとき〔乗客〕 4．試験車が横断歩道等の手前おおむね5m手前に到達することになり、かつ歩行者等が横断歩道等（試験車を中心としておおむね左右各5mの範囲内をいう）に立ち入ることが予測される場合に、横断歩道等の手前（停止線が設けられている場合はその手前）で一時停止せず、または一時停止しようとしないとき〔進路〕 5．横断歩道等、またはその手前の直近で停止している車両等がある場合に、その側方を通過して前方に出る前に一時停止せず、または一時停止しようとしないとき。ただし、信号機の表示等により歩行者等の横断が禁止されている場合、または歩行者等を横断させるために停止しているものでないことが明らかな車両等の側方を通過する場合には適用しない〔停車〕 6．横断歩道等のない場所において、歩行者等が道路を横断している場合に、その歩行者等の通行を妨げることとなるとき〔横断〕 7．身体障害者用の車いすが通行している場合、目が見えない者が道路交通法施行令（以下、政令）第8条第1項で定めるつえを携え、もしくは同条第2項で定める盲導犬を連れて通行している場合、または耳が聞こえない者、もしくは同条第4項で定める程度の身体の障害のある者が、同条第1項で定めるつえを携えて通行している場合に、一時停止もしくは徐行せず、または一時停止もしくは徐行しようとしないとき〔身〕

減点細目	減点数 路上	減点数 場内	適用事項
歩行者保護 不停止等 〔歩行者保護〕	危	－	8. 監護者がつき添わない児童もしくは幼児、または老人が歩行している場合に、一時停止もしくは徐行せず、または一時停止もしくは徐行しないとき〔老〕 9. 児童等の乗降のため停車している通学通園バスの側方を通過する場合に、徐行せず、または徐行しようとしないとき〔園バス〕
安全間隔不保持 〔安全間隔〕	危	危	1. 歩行者または軽車両の側方を通過する場合に、次の間隔を保たないとき、または保とうとしないとき。ただし、徐行した場合は適用しない〔間隔〕 ①歩行者または軽車両が、試験車を認知していることが明らかな場合は、おおむね1m以上 ②歩行者または軽車両が、試験車を認知していないおそれがある場合は、おおむね1.5m以上 2. 上記の間隔を保てない場合に、徐行せず、または徐行しようとしないとき〔徐行〕
踏切内変速	5	5	踏切を通過中（車体のおおむね2分の1以上が踏切から出ないうち）に、変速操作を始めた場合
駐車措置違反 〔駐車措置〕	5	5	到着点において、次の措置をしないで下車した場合 1. ハンド(駐車)ブレーキをかけないとき〔手B〕 2. エンジンスイッチを切らないとき〔スイッチ〕 3. ギアをリバース、またはロー（ＡＴ車はＰレンジ）に入れないとき。ただし大特車には適用しない〔ギア〕 4. 大特車を駐車状態にする場合に、作業機具を接地しないとき〔機具〕
警音器使用 制限違反等 〔警音器〕	10	10	1. みだりに警音器を鳴らした場合 2. 道路標識等により指定された場所で、警音器を鳴らさない場合
急ブレーキ 禁止違反 〔急ブレーキ〕	10	10	後続車に追突されることになるような減速、もしくは停止をした場合、またはおおむね 0.4Gを超える強い減速度を生じるブレーキをかけた場合。ただし、前車が急ブレーキをかけた場合、または他の交通による急迫した侵害を受けた場合には適用しない

減点適用基準表

減点細目	減点数		適用事項
	路上	場内	
車間距離不保持〔車間距離〕	10	10	他の車両等の直後を進行する場合に、その直前の車両等が急に停止した場合でも、これに追突するのを避けられるように、直前の車両等との間に安全な距離を保たないとき
駐停車方法違反〔駐停車方法〕	10	5	1. 発着点に駐停車する場合、または路端へ駐停車する場合に、道路の左側端から車体がおおむね 0.3m以上離れているとき〔離〕 2. 幅員がおおむね0.75m以上の路側帯（駐停車禁止のものおよび歩行者用のものを除く）のある道路で駐停車する場合に、法令の規定以外の方法で駐停車し、または駐停車しようとしたとき〔路側帯〕 3. 発着点に駐停車する場合、または路端へ駐停車する場合に、道路の左側端（路側帯のある道路では当該路側帯を区画している道路標示）からの距離が、最前輪と最後輪の中心部に位置する車体部分において、おおむね0.3m以上の差がある場合〔平行〕
緊急車妨害	20	−	1. 交差点またはその付近において、サイレンを鳴らし赤色の警光灯をつけた緊急自動車（消防用車両を含む。以下同じ）が接近してきた場合に、交差点を避け、かつ道路の左側（一方通行となっている道路では、左側に寄ることが緊急自動車の通行を妨げることとなる場合は、道路の右側。次項も同じ）に寄って、一時停止せず、または一時停止しようとしないとき 2. 交差点またはその付近以外の場所で、緊急自動車が接近してきた場合に、道路の左側に寄って進路を譲らないとき
合図車妨害	20	20	1. 左折もしくは右折（道路外に出るための右左折を含む）しようとする車両、または交差点で進行方向別通行区分の指定に従うための車両が、進路を変える合図をした場合に、その合図をした車両の進路の変更を妨げ、または妨げようとしたとき。ただし、その後方にある試験車が速度、または方向を急に変更しなければならないこととなる場合には適用しない〔進路〕

減点細目	減点数		適用事項
	路上	場内	
合図車妨害	20	20	2. 停留所において、乗客の乗降のため停車していたバスが、発進するため進路を変えようとして合図をした場合に、そのバスの進路の変更を妨げ、または妨げようとしたとき。ただし、その後方にある試験車が速度、または方向を急に変更しなければならないこととなる場合には適用しない〔バス〕
速度超過	20	20	道路標識等により最高速度が指定されている道路ではその最高速度、その他の道路では政令第11条に定める最高速度、または場内試験では速度指定区間の指示速度をそれぞれ超過した場合
踏切不停止等〔踏切不停止〕	危	危	1. 踏切の手前(停止線が設けられている場合は停止線の手前)から、おおむね2m未満手前までの範囲で停止せず、または停止しようとしない場合。ただし、信号機の表示する信号に従う場合には適用しない〔手前〕 2. 踏切の遮断機が閉じようとし、もしくは閉じている間、または踏切の警報機が鳴っている間に踏切に入り、または入ろうとした場合〔立入〕 3. 前方の車両等の状況により、踏切内で停止することとなるおそれがある場合に、踏切に入り、または入ろうとしたとき〔内〕
追越し違反〔追越し〕	危	危	1. 車両通行帯の設けられた道路、または道路標識等によって車両通行帯の通行区分を指定されている道路で追い越しをする場合に、試験車の通行している車両通行帯の直近の右側の車両通行帯を通行せず、または通行しようとしないとき 2. 他の車両を追い越そうとする場合に、その左側を通行し、または通行しようとしたとき 3. 前車が右折するため、道路の中央、または右側端に寄って通行している場合に、追い越しのためにその右側を通行し、または通行しようとしたとき

減点細目	減点数		適用事項
	路上	場内	
追越し違反 〔追越し〕	危	危	4. 追い越しをしようとする場合に、反対の方向、または後方からの交通および前車の前方の交通に注意せず、かつ前車の速度および進路、ならびに道路状況に応じた安全な速度と方法によらないで進行し、または進行しようとしたとき 5. 前車が他の自動車を追い越そうとしている場合に、追い越しを始め、または始めようとしたとき 6. 次にあげる場所で、他の車両(軽車両を除く)を追い越すため、進路を変更し、または変更しようとした場合、もしくは前車の側方を通過し、または通過しようとした場合 ①道路標識等により追い越しが禁止されている場所 ②道路の曲がり角付近、上り坂の頂上付近、またはこう配の急な下り坂 ③トンネル。ただし、車両通行帯の設けられている場合には適用しない ④交差点および交差点の手前の側端から、前に30m以内の部分。ただし、優先道路を通行している場合には適用しない ⑤踏切または横断歩道等、およびこれらの手前の側端から、前に30m以内の部分
割込み	危	危	法令の規定、警察官の命令、もしくは危険を防止するため、停止もしくは停止しようとして徐行している車両等、またはこれらに続いて停止もしくは徐行している車両等に追いついた場合に、その前方に割り込み、もしくは割り込もうとし、または前方を横切り、もしくは横切ろうとしたとき
安全運転 義務違反 〔安全義務〕	危	危	ハンドル、ブレーキその他の装置を確実に操作し、かつ道路、交通および試験車の状況に応じ、他人に危害をおよぼさないような速度と方法で運転をしようとしないため、試験官がハンドル、ブレーキその他の操作を補助し、または是正措置を指示した場合

減点細目	減点数		適用事項
	路上	場内	
安全運転意識〔安全意識〕	10	−	他の減点細目には該当しないが、他の交通に迷惑を与えたり、危険をおよぼしたりする次のような場合 1. 交通の流れの中で、他の車両の走行位置と比較して必要以上に道路の左側端、もしくは中央線（車両通行帯のある場合は、その左右の車両通行帯境界線）に寄って継続して通行することにより、周囲の車両に不安感を与えるような場合 2. 交差点等で右折しようとして、道路の中央線に寄り停止したときに、車体が中央線に沿わないで斜めに停止したため、後続車の進行を著しく妨害した場合 3. 前方道路が渋滞している場合に、道路外の左方から発進しようとしている車両の進路を妨げて停車したとき 4. 走行経路を間違えた場合に、交差点手前でブレーキを踏んだため、他の車両に迷惑をかけたとき
駐停車違反	20	−	道路標識等により、停車および駐車が禁止されている道路の部分、および次にあげる道路の部分で、停車または駐車をし、もしくは停車または駐車をしようとした場合。ただし、法令の除外規定に該当する場合には適用しない 1. 交差点、横断歩道、自転車横断帯、軌道敷内、坂の頂上付近、こう配の急な坂、またはトンネル 2. 交差点の側端、または道路の曲がり角から5m以内の部分 3. 横断歩道または自転車横断帯の前後の側端から、それぞれ前後に5m以内の部分 4. 安全地帯の左側の部分、およびその部分の前後の側端から、それぞれ前後に10m以内の部分 5. バスの停留所、または路面電車の停留場を表示する標示柱または標示板が設けられている位置から、10m以内の部分 6. 踏切の前後の側端から、それぞれ前後に10m以内の部分

減点細目	減点数		適用事項
	路上	場内	
駐車違反	10	－	1. 道路標識等により駐車が禁止されている道路の部分、および次にあげる道路の部分で、駐車し、または駐車しようとした場合。ただし、法令の除外規定に該当する場合には適用しない ①人の乗降、貨物の積おろし、駐車または自動車の格納、もしくは修理のため、道路外に設けられた施設、または場所の道路に接する自動車用出入口から3m以内の部分 ②道路工事が行われている当該工事区域の側端から5m以内の部分 ③消防用機械器具の置場等の側端、またはこれらの道路に接する出入口から5m以内の部分 ④消火栓等の標識、または消防用防火水槽から5m以内の部分 ⑤火災報知機から1m以内の部分 2. 右側の道路上に、3.5m以上の余地がないこととなる場所で駐車し、または駐車しようとした場合。ただし、法令の除外規定に該当する場合には適用しない
通行禁止違反〔通行禁止〕	危	－	道路標識等により、その通行が禁止されている道路、またはその部分を通行し、もしくは通行しようとした場合

学科試験
実戦問題と解説

制限時間 50分
合格点 90点以上
配点
問1〜問90：1問1点
問91〜問95：1問2点

正解とポイント解説 ➡P.133〜135

次の問題を読んで、正しいと判断した場合には□欄に○を、誤りと判断した場合には×をつけなさい。なお、問91〜95は、（1）〜（3）すべてが正解した場合にかぎり得点（2点）となります。

□問1 追い越しを始めるときは、短い距離で済ませるため、前の車にできるだけ接近してから進路を変える。

□問2 図1の標識がある道路は、車は通行できないが、歩行者は通行することができる。

□問3 タクシーの運転者は、食事や休憩、回送のため旅客を乗せることができないときは、回送板を掲示しなければならない。

通行止
図1

□問4 横断歩道に近づいたところ、横断歩道の直前に停止している車があったが、横断しようとする人がいなかったので徐行してその車の側方を通過した。

□問5 通行に支障のある高齢者や身体障害者が歩いているときは、必ず一時停止をして安全に通行できるようにする。

□問6 高速道路で普通自動車が故障のためやむを得ず路肩に駐車するときは、必要な危険防止の措置をとったあとは、車外に出ると危険なので車内で待機したほうがよい。

□問7 夜間、一般道路に普通自動車を駐車するとき、道路照明などにより50メートル後方から見えるときや、車の後方に停止表示器材を置いたときは、非常点滅表示灯や駐車灯または尾灯をつけなくてもよい。

□問8 図2の標示は、「安全地帯または路上障害物に接近」の標示であり、右か左に避けて通行することを表している。

□問9 バスには発炎筒や赤ランプなどの非常信号用具を備えつけなければならないが、タクシーには備えつける必要はない。

□問10 車の死角は、小型車より大型車、乗用車より貨物車のほうが大きくなり、また貨物を積んでいるときはさらに積載物に影響される。

図2

□問11 免許を受けていても、免許を携帯しないで自動車を運転すると、交通違反ではあるが無免許運転にはならない。

□問12 第一種普通免許では、タクシーを修理工場へ回送するためであっても、タクシーを運転することはできない。

□ 問13 経路がわからないまま出発すると、道路を探すのに
気をとられ運転に必要な情報を見落としたりして、
事故の原因になる。

□ 問14 図3の標識は、積み荷の重さが5.5トンを超える車
は通行できないことを表している。

図3

□ 問15 歩行者用道路であっても、タクシーに乗客を乗せて
いれば徐行して通過することができる。

□ 問16 図4上の標識は、下の標示と同じ意味を表している。

□ 問17 昼間でもトンネルの中や濃い霧などで50メートル
（高速道路では200メートル）先が見えない場所を
通行するときは、灯火をつけなければならない。

追越し禁止

□ 問18 危険防止のためであっても、駐停車禁止の場所には
駐停車してはならない。

□ 問19 自動車専用道路での最高速度は、最高速度の標識な
どのないときは、一般道路と同じである。

中央線（黄）

図4

□ 問20 図5は、この先に踏切があることを表している。

□ 問21 バスやタクシーなどの事業用自動車は、6か月ごと
に定期点検を行い、必要な整備をしなければならな
い。

□ 問22 道路の曲がり角から5メートル以内の場所は、駐車
も停車も禁止されている。

□ 問23 交差点の信号機の信号は、横の信号が赤色であって
も、前方の信号が青色であるとは限らない。

□ 問24 仮免許で路上練習する場合、横に乗り指導する人は、
免許経験に関係なく、その車を運転できる免許を受
けている人であればよい。

黄

図5

□ 問25 仲間の車と行き違うときや前の車の発進を促した
り、車の到着を知らせたりするために警音器を鳴ら
してはいけない。

□ 問26 図6の標識は、一方通行路の出口に設けられており、
車はこの道路へ進入してはいけないことを表してい
る。

□ 問27 タクシーを運転中、交通事故が起きたときは、すみ
やかに会社に通報しておけば、運転者はそのまま運
転を続けてもよい。

図6

受験ガイド＆試験コース

PART1 大型バス 運転操作の基本

PART2 コース内課題 攻略テクニック

PART3 技能試験 減点適用基準表

PART4 学科試験 実戦問題と解説

☐問28 スパイクタイヤは、路面の損傷や粉じんの発生の原因となるので、雪道や凍りついた道路以外では使用してはいけない。

☐問29 車両通行帯が黄色の線で区画されているところでは、たとえ右折や左折のためであっても、黄色の線を越えて進路を変えてはならない。

☐問30 高速自動車国道では、けん引するための構造装置のあるなしにかかわらず、ほかの車をけん引しているときは通行してはいけない。

☐問31 軽車両は、図7の路側帯を通行してはいけない。

☐問32 図8の標識は、自動車の最低速度が時速30キロメートルであることを表している。

☐問33 タクシー乗務を交代するときは、前の運転者が点検を行っていても、ハンドルやブレーキなどの機能について点検する必要がある。

☐問34 歩道や路側帯のない道路で駐車や停車をするときは、車の左側に0.75メートル以上の余地をとり、歩行者の通行を妨げないようにしなければならない。

☐問35 交差点や交差点付近で緊急自動車が接近してきたときは、交差点を避け、道路の左側に寄り、一時停止をしなければならない(一方通行路を除く)。

☐問36 図9の標識は、運転中疲れたとき休憩するために駐車することができる場所を表している。

☐問37 一般原動機付自転車を追い越そうとしている普通自動車を追い越すのは、二重追い越しにはならない。

☐問38 図10の標示は、「転回禁止の終わり」を表している。

☐問39 乗車定員6名のタクシーに、乗客大人1人と12歳未満の子ども6人を乗せて運転すると定員超過となる。

☐問40 普通乗用自動車の座席には、荷物を積んではならない。

☐問41 高速道路の本線車道では、転回や横断のほか、ごくわずかの後退も禁止されている。

左端

図7

図8

青　図9

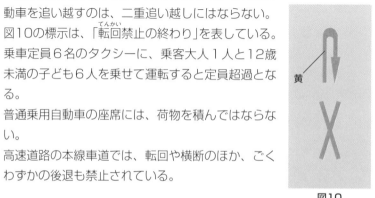

黄

図10

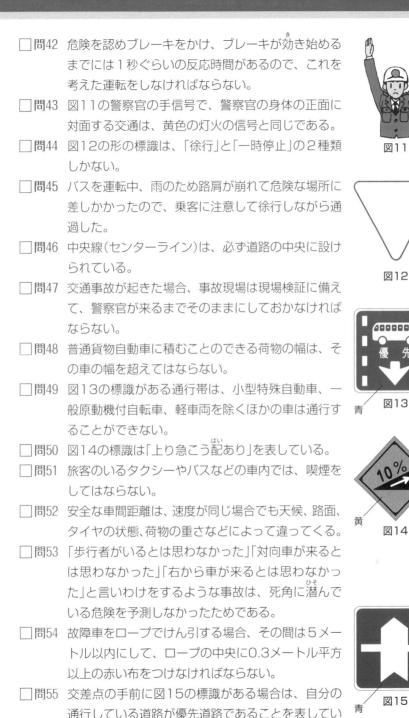

☐ 問42　危険を認めブレーキをかけ、ブレーキが効き始めるまでには1秒ぐらいの反応時間があるので、これを考えた運転をしなければならない。

☐ 問43　図11の警察官の手信号で、警察官の身体の正面に対面する交通は、黄色の灯火の信号と同じである。

☐ 問44　図12の形の標識は、「徐行」と「一時停止」の2種類しかない。

☐ 問45　バスを運転中、雨のため路肩が崩れて危険な場所に差しかかったので、乗客に注意して徐行しながら通過した。

☐ 問46　中央線（センターライン）は、必ず道路の中央に設けられている。

☐ 問47　交通事故が起きた場合、事故現場は現場検証に備えて、警察官が来るまでそのままにしておかなければならない。

☐ 問48　普通貨物自動車に積むことのできる荷物の幅は、その車の幅を超えてはならない。

☐ 問49　図13の標識がある通行帯は、小型特殊自動車、一般原動機付自転車、軽車両を除くほかの車は通行することができない。

☐ 問50　図14の標識は「上り急こう配あり」を表している。

☐ 問51　旅客のいるタクシーやバスなどの車内では、喫煙をしてはならない。

☐ 問52　安全な車間距離は、速度が同じ場合でも天候、路面、タイヤの状態、荷物の重さなどによって違ってくる。

☐ 問53　「歩行者がいるとは思わなかった」「対向車が来るとは思わなかった」「右から車が来るとは思わなかった」と言いわけをするような事故は、死角に潜んでいる危険を予測しなかったためである。

☐ 問54　故障車をロープでけん引する場合、その間は5メートル以内にして、ロープの中央に0.3メートル平方以上の赤い布をつけなければならない。

☐ 問55　交差点の手前に図15の標識がある場合は、自分の通行している道路が優先道路であることを表している。

図11

図12

優先　図13
青

10%　図14
黄

図15
青

☐ 問56 ハイヤー、タクシーなどを運転して踏切を通過するときは、途中では変速装置を操作しないようにする。

☐ 問57 交通事故で負傷者がいない物損のときは、お互いに話し合い、示談がまとまれば警察官に届け出る必要はない。

☐ 問58 図16の標識は、大型貨物自動車と特定中型貨物自動車、大型特殊自動車は通行できないことを表している。

図16

☐ 問59 緊急自動車に進路を譲るときは、一方通行の道路であっても、必ず道路の左側に寄って進路を譲らなければならない。

☐ 問60 遠心力は、おおよそ速度の2倍に比例して大きくなる。

☐ 問61 車とは、自動車と原動機付自転車のことをいい、軽車両は含まれない。

☐ 問62 図17の標識は、前方が行き止まりで通行できないことを表している。

☐ 問63 乗務距離の最高限度が定められているタクシーの運転者は、その最高限度を守らなければならない。

黄
図17

☐ 問64 道路交通法の目的は、道路における危険を防止し、交通の安全と円滑を図り、交通によって起きる障害(交通公害)の防止を図ることにある。

☐ 問65 幼児など小さい子どもを四輪車に乗せるときは、後部座席だと目が届かないので、前部座席がよい。

☐ 問66 自家用の普通乗用自動車(レンタカーを除く)を運転するときは、走行距離や運行時の状態などから判断した適切な時期に日常点検をしなければならない。

☐ 問67 荷物の積みおろしのための停止であれば、5分を超えても駐車とはならない。

☐ 問68 図18の標示がある場所では、人を降ろすためであっても停止してはならない。

☐ 問69 旅客自動車を運転中、事故が起きたときは、応急手当や遺留品の保管など負傷者の保護に当たらなければならない。

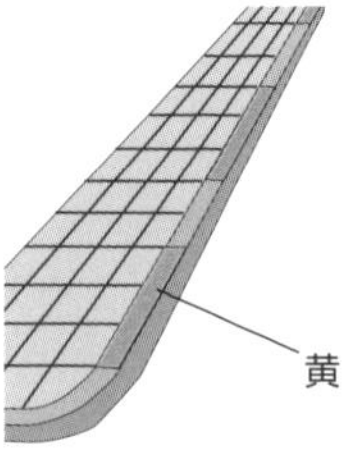

黄
図18

☐ 問70 普通自動車で、車両総重量が同じぐらいの故障した普通自動車をけん引する場合の法定最高速度は時速40キロメートルである。

☐ 問71 安全運転の大切なポイントは、自分の性格やくせを知り、それをカバーする運転をすることである。

- ☐ 問72 走行中のタイヤと路面の摩擦は、空走距離と制動距離に大きな関係がある。
- ☐ 問73 右折のために交差点の中で待機中、信号が青色から黄色そして赤色に変わったときは、すみやかに交差点外へ出るようにする。
- ☐ 問74 図19の標識は、普通乗用車以外の車は通行できないことを表している。
- ☐ 問75 路線バスやタクシーは、夜間運転中は室内灯をつけてはいけない。
- ☐ 問76 検査標章内にある数字は、検査を受けた年月を表している。

青　図19

- ☐ 問77 歩行者のそばを通るときは、必ず徐行しなければならない。
- ☐ 問78 交通整理の行われていない図20のような道幅が異なる交差点では、A車は徐行してB車の進行を妨げないようにしなければならない。
- ☐ 問79 濃い色の遮光シールを前面ガラスに貼ってはいけないが、運転席側面や助手席の側面に貼るのはよい。
- ☐ 問80 図21の補助標識は、本標識に示された規制がこの地点で終わったことを表している。

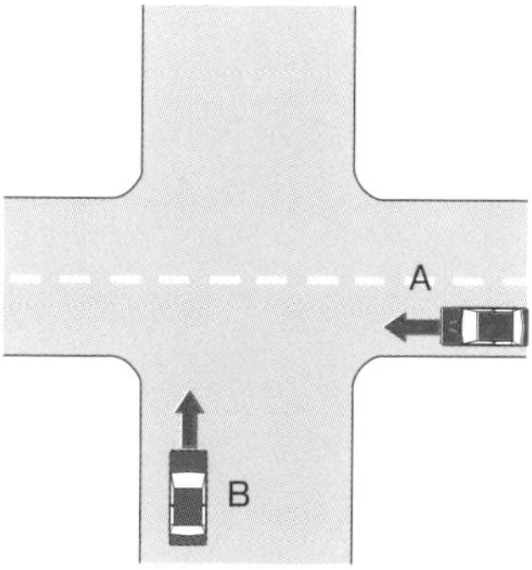

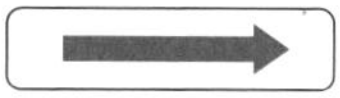

A

B

図20

- ☐ 問81 故障などで踏切内で車が動かなくなったときは、すみやかに旅客を誘導して退避させるとともに、発炎筒などで列車に知らせる。

図21

- ☐ 問82 踏切警手のいる踏切では、安全が確認できれば、一時停止せず徐行して通過することができる。
- ☐ 問83 大型自動車の一般道路での法定最高速度は、乗用・貨物にかかわらず時速60キロメートルである。
- ☐ 問84 図22の標識は、近くに学校、幼稚園、保育所などがあることを表している。
- ☐ 問85 片側が転落のおそれがあるがけになっている狭い道路での行き違いは、がけ側と反対側の車があらかじめ停止するなどして、がけ側の車を先に通すようにする。

青　図22

□問86 図23の標識は、前方に「合流交通あり」の意味を表
    しており、この先で左方から進入してくる車がある
    かもしれないので、十分注意して通行しなければな
    らない。

黄　図23

□問87 灯油がいっぱいに入った1.8リットル入りのビンを
    持った客がバスに乗車しようとしていたので、乗る
    前に断った。

□問88 左折するときの手による合図は、右ハンドルの車では右腕を車の右側
    の外に出し、ひじを垂直に上に曲げる。

□問89 一瞬の脇見がもとで大事故になることが多いので、運転中は周囲の景
    色や同乗者との会話、カーナビゲーション装置や携帯電話などの操作
    などに気をとられないよう注意しなければならない。

□問90 幼児を自動車に乗せるときは、病気などやむを得ない場合を除き、幼
    児の発育の程度に応じた形状のチャイルドシートを使用する。

問91 時速40キロメートルで進行しています。交差点を左折するときは、
    どのようなことに注意して運転しますか？

□（1） 前方の道路は直進車線になっているので、すばやくハンドルを左に切
    って左折車線に進路変更をする。

□（2） 前方の道路は直進車線になっているが、左車線には車がいて進路変更
    をすると危険なので、このままの車線で左折する。

□（3） 急に進路を変えると左後方の車に接触するおそれがあるので、左後方
    の車を先に行かせてから左車線に進路変更をする。

問92 時速40キロメートルで進行しています。坂の頂上付近を通過するときは、どのようなことに注意して運転しますか？

- □（1） 対向車や後続車も見えず、とくに危険はないので、このままの速度で坂の頂上を通過する。
- □（2） 坂の頂上から先が見えず、道路の状況が確認できないので、いつでも止まれる速度に落として坂の頂上を通過する。
- □（3） 速度を落とすと坂道を上る勢いがなくなるので、速度を上げて坂の頂上を一気に通過する。

問93 時速40キロメートルで進行しています。交差点を直進するとき、対向車線から緊急自動車が接近してきました。どのようなことに注意して運転しますか？

- □（1） 緊急自動車は交差点を直進すると思うので、このまま進行する。
- □（2） 緊急自動車は交差点を右折するかもしれないので、動きに注意しながらこのまま進行する。
- □（3） 緊急自動車はどのような動きをするかわからないので、交差点に入らず、道路の左側に寄せて停止する。

問94 高速道路の加速車線を時速50キロメートルで進行しています。どのようなことに注意して運転しますか？

☐（1） 本線車道の後方の車は、自分の車に気づいて進路を譲ってくれると思うので、すぐに本線車道に合流する。

☐（2） ミラーの死角には車がいるかもしれないので、目視による安全確認をしてから合流する。

☐（3） 本線車道の後方に車がいるので、進行を妨げないように先に通過させて、安全を確かめてから本線車道に合流する。

問95 時速40キロメートルで進行しています。どのようなことに注意して運転しますか？

☐（1） 見通しが悪くカーブの先が見えないので、前照灯を上向きにして対向車に自分の車の存在を知らせ、速度を落として進行する。

☐（2） 対向車が中央線をはみ出してくるかもしれないので、警音器を鳴らして注意を促し、このままの速度で進行する。

☐（3） カーブを曲がりきれずにガードレールに接触するといけないので、センターラインに寄って進行する。

正解とポイント解説

問1✕　追い越す車との間に安全な車間距離を保たなければなりません。

問2✕　「通行止め」を表し、歩行者、車、路面電車などのすべてが通行できません。

問3○　設問のようなときは、回送板を掲示しなければなりません。

問4✕　停止車両がある場合は、横断歩道の直前で一時停止しなければなりません。

問5✕　必ずしも一時停止する必要はなく、状況によっては徐行でもかまいません。

問6✕　車内に残らず、道路外の安全な場所に出て待機します。

問7○　停止表示器材を置いたときなどは、尾灯などをつける必要はありません。

問8○　「安全地帯または路上障害物に接近」を表し、両側に避けることを示しています。

問9✕　タクシーの場合でも、発炎筒や赤ランプなどの非常信号用具を備えつけなければなりません。

問10○　車の死角は、大型車になるほど、積載量の大きさに応じて大きくなります。

問11○　免許証不携帯の交通違反となり、無免許運転にはなりません。

問12○　旅客を運送する目的でなければ、タクシーを運転することができます。

問13○　地図などで経路を調べ、事前に準備しておくことが大切です。

問14✕　総重量（車両、荷物、人の重さの合計）が5.5トンを超える車の通行禁止を表します。

問15○　歩行者用道路は、原則として車の通行が禁止されています。

問16✕　標識は「追越し禁止」、標示は「追越しのための右側部分はみ出し通行禁止」を表し、意味が異なります。

問17○　昼間でも、設問のような場合は灯火をつけなければなりません。

問18○　危険を防止する目的であれば、駐停車することができます。

問19○　標識などで指定されていない場合は、一般道路と同じ最高速度です。

問20○　図は「踏切あり」を表す警戒標識です。

問21✕　事業用自動車は3か月ごとに定期点検を行い、必要な整備をします。

問22○　設問の場所は、駐停車禁止場所として指定されています。

問23○　横の信号が赤色であっても、前方の信号は必ずしも青であるとは限りません。

問24✕　免許を受けて3年以上の人か、第二種免許を受けている人でなければなりません。

問25○　設問の場合は警笛の乱用にあたるので、警音器を鳴らしてはいけません。

問26○　「車両進入禁止」を表し、標識の方向からは進入することができません。

問27✕　交通事故が起きたときは、ただちに運行を中止しなければなりません。

問28○　スパイクタイヤは、雪道や凍結した道路以外では使用してはいけません。

問29○　たとえ右左折のためであっても、黄色の線を越えて進路変更してはいけません。

問30✕　けん引する側とされる側に構造装置があれば、通行することができます。

問31✕　駐停車禁止を示す路側帯なので、軽車両は通行することができます。

問32○　自動車は時速30キロメートルに達しない速度で運転してはいけません。

問33○　申し継ぎを受けた運転者は、設問のような機能について点検を行います。

問34✕　道路の左端に沿って止め、車の右側の余地を多くとるようにします。

問35○　交差点を避け、道路の左側に寄り、一時停止して緊急自動車に進路を譲ります。

問36✕　「待避所」を表し、対向車と行き違いをするための場所を示しています。

問37○　一般原動機付自転車を追い越そうとしている場合は、二重追い越しにはなりません。

問38✕　「転回禁止」を表し、終わりではありません。

問39✕　12歳未満の子ども6人は大人4人となり、合計6人で乗車できます。

問40✕　運転に支障がなければ、座席にも荷物を積むことができます。

問41○　高速道路の本線車道では、転回や横断、後退が禁止されています。

問42○　情報捕捉→判断→操作までには1秒ほどの反応時間がかかります。

問43✕　警察官の身体の正面に対面する交通は、赤色の灯火信号と同じ意味を表します。

問44✕　逆三角形の形をした標識は、「徐行」と「一時停止」の2種類しかありません。

問45✕　危険な場所を通行するときは、乗客を降ろさなければなりません。

問46✕　中央線は、必ずしも道路に中央に設けられているとは限りません。

問47✕　事故の続発を防止し、負傷者を救護しなければなりません。

問48✕　荷物の幅に対する制限は、自動車の幅から左右にそれぞれ幅の10分の1まではみ出せます。

問49✕　「路線バス等優先通行帯」は、路線バスなどの通行を妨げなければ、どの車でも通行できます。

問50○　図は「上り急こう配あり」を表す警戒標識です。

問51○　旅客のいる車内では、喫煙をしてはいけません。

問52○　安全な車間距離は、天候や路面などの状態によっても大きく変化します。

問53○　つねに死角に潜んでいる危険を予測しながら運転します。

問54✕　ロープには赤い布ではなく、白い布をつけなければなりません。

問55○　自分の通行している道路（標識のある側）が優先道路であることを表します。

問56○　踏切では、エンストを防止するため、変速装置を操作しないで通過します。

問57○　物損事故の場合でも、必ず警察官に届け出なければなりません。

問58○　大貨等（大型貨物、特定中型貨物、大型特殊自動車）は通行できません。

問59✕　左側に寄るとかえって妨げとなる場合は、右側に寄って進路を譲ります。

問60✕　遠心力は、2倍ではなく、速度の二乗に比例して大きくなります。

問61✕　軽車両（自転車や荷車）も車に含まれます。

問62✕　図は、「T形道路交差点あり」を表す警戒標識で、通行することはできます。

問63○　所定の最高距離の最高限度を超えて乗務してはいけません。

問64○　道路交通法の目的は、設問のとおりです。

問65✕　運転に集中できなくなり危険なので、子どもは後部座席に乗せるようにします。

問66○　走行距離や運行時の状況などから判断した適切な時期に日常点検を行います。

問67✕　5分を超える荷物の積みおろしは、駐車に該当します。

問68✕　駐車禁止を表してるので、人の乗り降りのための停車はできます。

問69○　万が一事故が起きたときは、運転者は設問のような処置をしなければなりません。

問70✕　設問の故障車をけん引するときの法定最高速度は、時速30キロメートルです。

問71○　自分の性格やくせを知り、それをカバーする運転をすることが大切です。

問72✖ 制動距離には関係しますが、空走距離には関係しません。

問73⭕ すでに右折している場合は、そのまま進んで交差点を出ます。

問74✖ 「自動車専用」を表し、高速道路または自動車専用道路であることを示しています。

問75✖ タクシーはつけてはいけませんが、路線バスは室内灯をつけて運転します。

問76✖ 検査を受けた年月ではなく、次の検査を受ける時期(年月)を示します。

問77✖ 歩行者との間に安全な間隔をあけることができれば徐行の必要はありません。

問78✖ B車は、優先道路を通行しているA車の進行を妨げてはいけません。

問79✖ 前面ガラスだけでなく、運転席側と助手席側も貼って運転してはいけません。

問80✖ 本標識が示す交通規制の「始まり」を表しています。

問81⭕ 旅客を誘導して退避させ、発炎筒などで列車に知らせます。

問82✖ たとえ踏切警手がいて安全が確認できても、一時停止しなければなりません。

問83✖ 大型自動車の法定最高速度は、乗用・貨物ともに時速60キロメートルです。

問84✖ 図の標識は「横断歩道」であることを示しています。

問85✖ がけ側の車が停止するなどして、反対側の車に道を譲ります。

問86⭕ 「合流交通あり」を表す警戒標識であり、設問のような注意が必要です。

問87⭕ 灯油(0.5リットル以下を除く)を持った客は、乗車を断ることができます。

問88⭕ 左折するときの手による合図は、ひじを垂直に上に曲げます。

問89⭕ 運転中は、周囲の会話などに気をとられず、運転に集中しなければなりません。

問90⭕ 幼児の発育の程度に応じた形状のチャイルドシートを使用します。

問91

(1)✖ 左後方の車に接触するおそれがあります。

(2)✖ 直進車線で左折してはいけません。

(3)⭕ 左後方の車を先に行かせてから左折車線に進路変更します。

問92

(1)✖ 頂上の先に危険が潜んでいるおそれがあります。

(2)⭕ 坂の頂上付近は徐行しなければなりません。

(3)✖ 坂の頂上付近は、速度を上げて通過してはいけません。

問93

(1)✖ 緊急自動車は、交差点を直進するとは限りません。

(2)✖ 緊急自動車に進路を譲るため、このまま進行してはいけません。

(3)⭕ 緊急自動車に進路を譲るため、交差点に入らず左に寄せて停止します。

問94

(1)✖ 本線車道の車は、進路を譲ってくれるとは限りません。

(2)⭕ 死角に車がいるかもしれないので、直接目で見て確認します。

(3)⭕ 本線車道の車の進行を妨げないようにして合流します。

問95

(1)⭕ 前照灯を上向きにするか点滅させて、自分の車の存在を知らせます。

(2)✖ 警音器は鳴らさずに、速度を落とします。

(3)✖ センターラインに寄ると、対向車に衝突するおそれがあります。

学科試験問題

制限時間 50分
合格点 90点以上
配点
問1〜問90：1問1点
問91〜問95：1問2点
正解とポイント解説 ➡P.145〜147

次の問題を読んで、正しいと判断した場合には□欄に○を、誤りと判断した場合には×をつけなさい。なお、問91〜95は、（1）〜（3）すべてが正解した場合にかぎり得点（2点）となります。

□問1 免許の区分は、大きく分けると、第一種免許、第二種免許、原付免許の3つになる。

□問2 図1は「ロータリーあり」の警戒標識で、この先にロータリーがあることを事前に知らせて注意を促すものである。

青　図1

□問3 旅客自動車の運転者は、病気や疲れで安全運転ができないおそれがあるときは、その旨を事業者に申し出なければならない。

□問4 故障して動けなくなった場合でも、継続して車を止めておくことは駐車であるから、駐車禁止の場所に長時間止めておくことはできない。

□問5 出発地警察署長の許可を受け、積み荷の制限を超えた荷物を積載して運転するときは、荷物の見やすい箇所に昼間は0.3メートル平方以上の赤い布を、夜間は赤色の灯火をつけなければならない。

□問6 照明設備のあるトンネルでも、ライトをつけて走行したほうがよい。

□問7 運転中は、みだりに進路を変えてはならない。

□問8 図2の標識は、本標識が表示する交通規制の終わりを意味するものである。

青　図2

□問9 業務を終了したときは、交代する運転者に対し、乗務中の道路の状況や運行状況を報告しなければならない。

□問10 図3の手による合図は、右折か転回または右へ進路を変えようとすることを表す。

□問11 交差点や交差点付近でないところで緊急自動車が接近してきたときは、道路の左側に寄って、徐行または一時停止をしなければならない（一方通行路を除く）。

図3

□問12 物事にこだわったり、考え事をしていると運転に集中できず、必要な情報を見落としやすく危険である。

□問13 交差点で右折しようとして自分の車が先に交差点内に入っているときは、前方からくる直進車や左折車よりも先に通行することができる。

□問14 図4の標識のあるところでは、警音器を鳴らして徐
行しなければならない。

□問15 バスを運転して悪路に差しかかったときは、事前に
旅客に声をかけ、注意を促して慎重な運転をしなけ
ればならない。

□問16 前の車を追い越そうとしたところ、前の車がそれに
気づかず右に進路を変えようとしたので、危険を感
じて警音器を鳴らした。

□問17 図5の標示がある通行帯は、一般の自動車も通行す
ることができるが、路線バスが近づいてきたときは、
すみやかにそこから出なければならない（小型特殊
自動車を除く）。

□問18 高速自動車国道では、総排気量250ccの二輪車の
法定最高速度は、時速80キロメートルである。

□問19 横断歩道や自転車横断帯とその手前から30メート
ルの間は、追い越しは禁止されているが追い抜きは
禁止されていない。

□問20 図6の標示があるところでは、矢印のように通行し
てもよい。

□問21 乾電池を大量に持ってバスに乗車しようとする客
は、乗車を拒否することができる。

□問22 交通整理の行われていない図7のような道幅が異な
る交差点では、一般原動機付自転車は左方の普通自
動車に進路を譲らなければならない。

□問23 交通事故で負傷者がいる場合は、医師や救急車が到
着するまでの間、ガーゼや清潔なハンカチで止血す
るなど、可能な応急救護処置を行う。

□問24 室内灯は、バス以外の車は走行中
はつけないようにする。

□問25 制動距離は、空走距離と停止距離
を合わせたものである。

□問26 タクシーの乗務距離の最高限度が
定められていても、乗客の要望に
より他府県に行くときは、その最
高限度を超えてもよい。

黄　図4

図5

黄
図6

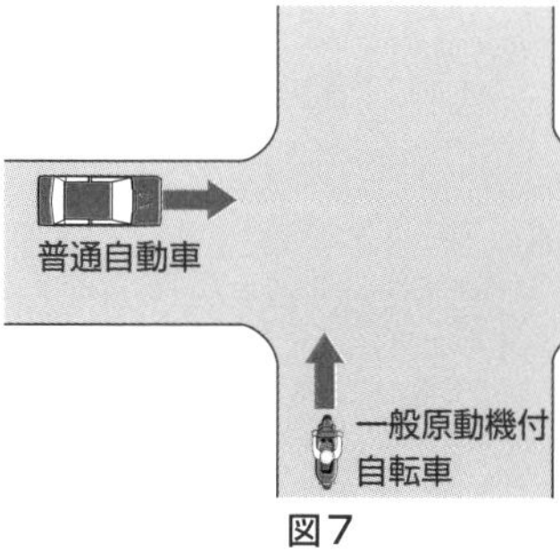

普通自動車
一般原動機付
自転車
図7

☐ 問27 図8の信号がある交差点では、車は右折できるが転
回することはできない(軽車両と二段階の方法で右
折する原動機付自転車を除く)。

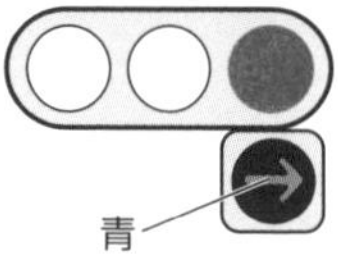

☐ 問28 図9の標識があるところでは、必ず警音器を鳴らさ
なければならない。

☐ 問29 貨物自動車の荷台に荷物を積んだときは、荷物の積
みおろしに必要な最小限の人を荷台に乗せることが
できる。

☐ 問30 走行中の経路は、わかりやすさより、短い距離で行
ける経路を選ぶようにする。

☐ 問31 速度が2倍になれば、空走距離は2倍にしかならな
いが、制動距離はおおむね4倍になる。

☐ 問32 図10の標識があるところは、車は通行できないが
歩行者は通行することができる。

☐ 問33 ハイヤー、タクシーなど事業用自動車であっても、
普通乗用自動車の自動車検査証の有効期間は2年で
ある。

☐ 問34 高速道路を走行するときのタイヤの空気圧は、摩擦熱のために高くな
るので、一般道路を走行するときよりやや低くしておいたほうがよい。

☐ 問35 規制標識は、特定の交通方法を禁止したり、特定の方法に従って通行
するよう指定したりするものである。

☐ 問36 カーブの半径が小さいほど、かかる遠心力は大きく
なる。

☐ 問37 図11のような路側帯は、歩行者だけが通行するこ
とができる。

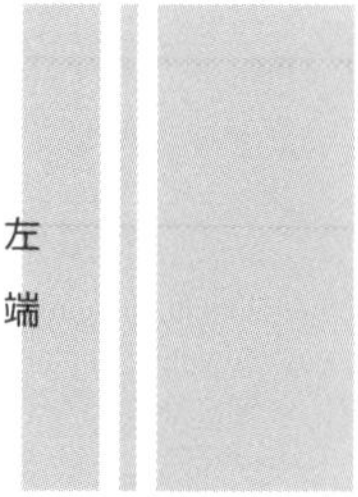

☐ 問38 図12の標識は、この先に上り坂や下り坂があるこ
とを表している。

☐ 問39 旅客自動車の運転者は、つねに旅客の安全を考え、
いつでも交通事故を避けることができるように慎重
に運転しなければならない。

☐ 問40 交通事故を起こすと、本人だけでなく家族にも経済
的損失と精神的苦痛など大きな負担を負うことにな
る。

☐ 問41 運転中は広く見渡すように目を動かすと注意力が集
中できないので、できるだけ一点を見つめて運転したほうがよい。

図8

青

図9

図10

左端

図11

黄

図12

☐ 問42　道路の曲がり角付近は、見通しがよい悪いにかかわらず、徐行しなければならない。

☐ 問43　横断歩道や自転車横断帯とその手前5メートル以内は、駐停車が禁止されているが、向こう側の5メートル以内は禁止されていない。

☐ 問44　図13の標識があったので、時速50キロメートルから時速20キロメートルの速度まで落として通行した。

☐ 問45　乗車定員5人のタクシーを運転中、大人3人と小学生3人を乗せた。

☐ 問46　図14の標識があるところは、大型乗用自動車は通行できないが、中型乗用自動車は通行することができる。

☐ 問47　車を運転する場合、交通規則を守ることは道路を安全に通行するための基本であるが、事故を起こさない自信があれば必ずしも守る必要はない。

☐ 問48　高速自動車国道の本線車道での大型貨物自動車の法定最高速度は、時速90キロメートルである。

☐ 問49　高齢の人が歩いていたり、自転車に乗っているときは、いくらこちらを見ていて、こちらの車に気づいていても、予想もつかない行動をとることがあるので、軽率（けいそつ）に判断したり行動したりしてはいけない。

☐ 問50　図15の標識は、「左折可」を表している。

☐ 問51　タクシーを運転中、乗車の申し入れがあったが、行き先が短距離であったので乗車を断った。

☐ 問52　消防用機械器具の置き場、消防用防火水槽（すいそう）、これらの道路に接する出入口から5メートル以内の場所は、駐車や停車をしてはならない。

☐ 問53　四輪車のハンドブレーキは、レバーをいっぱいに引いたとき、引きしろに余裕があるのがよい。

☐ 問54　図16の標示は、前方に横断歩道または自転車横断帯があることを表している。

☐ 問55　普通自動車は、故障車をロープで2台までけん引（いん）することができる。

☐ 問56　旅客自動車に、ガソリン、灯油、塩酸（えんさん）などの危険物を所持して乗車しようとする人があるときは、乗車を断ることができる。

図13

図14

青　図15

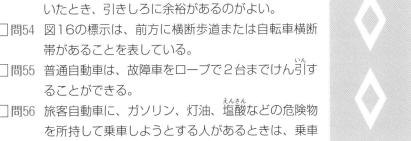

図16

☐問57 図17の標識は、積んだ荷物を含めて高さが地上から3.3メートルを超える車は通行できないことを表している。

図17

☐問58 車両通行帯のない道路では、軽車両は左側端を、原動機付自転車は左寄りを、自動車は道路の中央寄りを通行する。

☐問59 図18の標識があるところでは、車は道路の右側部分にはみ出す、はみ出さないにかかわらず、自動車や一般原動機付自転車を追い越してはならない。

図18

☐問60 近くの交差点のない一方通行の道路で緊急自動車が近づいてきたときは、左側に寄って進路を譲らなければならないが、左側に寄るとかえって緊急自動車の妨げとなるときは、右側に寄って譲る。

☐問61 停留所で止まっている路面電車に乗り降りする人がいる場合であっても、安全地帯があるときは徐行して通過してよい。

☐問62 図19の標示があるところでは、Bの通行帯からAの通行帯へ進路を変えてはならない。

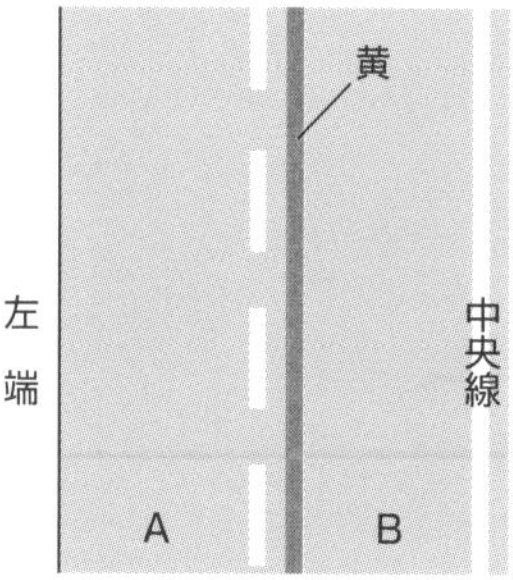

☐問63 霧の中を走行するときは、見通しをよくするため前照灯を上向きにする。

☐問64 左端の通行帯を通行中、図20のような標識があったときは、この先で右へ車線を変更しなければならない。

図19

☐問65 バスの運転者は、旅客のいるバス内では職務に関係のない不必要な話をしないようにする。

☐問66 同一方向に進行しながら進路を変えようとするときは、進路を変えようとする30メートル手前で合図をしなければならない。

図20

☐問67 660cc以下の普通貨物自動車の一般道路における法定最高速度は、時速50キロメートルである。

☐問68 本標識には、規制標識、指示標識、警戒標識、補助標識の4種類がある。

☐問69 バスの運転者は、停留所で時間調整のため停止中であっても、旅客のいる車内で喫煙してはならない。

☐ 問70 図21の標識があるところでは、人の乗り降りのた
めであれば停止してよい。

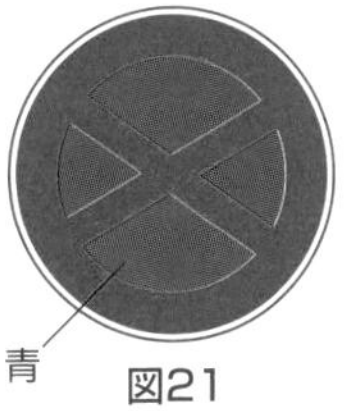

☐ 問71 四輪車から見る二輪車は、距離は実際より近く、速
度は実際より速く感じやすい。

青　図21

☐ 問72 バッテリー液は、規定量を保つようにしないとバッ
テリー上がりを起こし、エンジンがかからなくなっ
たりするので、ときどき液量を点検し、不足してい
るときは、希硫酸を補充する。

☐ 問73 道に迷ったときや経路がわからなくなったときは、走行中にカーナビ
ゲーション装置に表示された画像を注視しながら運転する。

☐ 問74 警察官が通行を禁止したり制限したりしているときは、標識や標示に
関係なく、警察官の指示に従わなければならない。

☐ 問75 故障などのため踏切内で車が動かなくなったときは、旅客に声をかけ
注意する。

☐ 問76 歩道や路側帯のない道路では、自動車（二輪のものを除く）は路端から
0.5メートルの部分は通行してはならない。

☐ 問77 車のドアは、力を入れて一気に閉めるほうがよい。

☐ 問78 マイクロバスは、準中型免許を持っていれ
ば運転することができる。

☐ 問79 図22の警察官の灯火による信号は、矢印
の方向に対して、信号機の黄色の灯火信号
と同じ意味を表している。

☐ 問80 道路標示には、規制標示と案内標示の2種
類がある。

図22

☐ 問81 旅客自動車の乗降口のドアは、停車を確認
したあとで開き、また確実に閉めてから発
車しなければならない。

☐ 問82 踏切用の信号が青色のときは、踏切の手前で一時停止する必要はない
が、安全を確かめてから通過しなければならない。

☐ 問83 自動車検査証や自動車損害賠償責任保険証明書（責任共済証明書を含
む）は重要な書類なので、紛失や盗難を防ぐため自動車を運転すると
きは、車とは別に自宅に大切に保管しておいたほうがよい。

☐ 問84 事故を起こさない自信があれば、走行中に携帯電話を使用してもよい。

☐ 問85 坂道で行き違うとき、近くに待避所があるときは、上り下りに関係な
く、待避所に近いほうの車がその場所に入って道を譲る。

受験ガイド&試験コース

PART1 大型バス 運転操作の基本

PART2 コース内課題 攻略テクニック

PART3 技術試験 減点適用基準表

PART4 学科試験 実戦問題と解説

☐ **問86** 標識や標示で最高速度が指定されていない場合は、法定速度を超えて運転してはならない。

☐ **問87** 乗車定員30人のバスに、乗客大人16人、12歳未満の子ども20人を乗せて運転しても定員超過ではない。

☐ **問88** 図23のようにクレーンで故障車をけん引するときは、けん引免許が必要である。

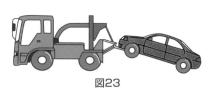

図23

☐ **問89** 昼間、高速道路で普通自動車が故障し路肩へ止めるときは、非常点滅表示灯や尾灯をつけていれば停止表示器材は置かなくてもよい。

☐ **問90** 追い越しをするとき、前の車が右折するため道路の中央へ寄っている場合以外は、前の車の右側から追い越さなければならない。

問91 時速10キロメートルで進行しています。交差点を左折するときは、どのようなことに注意して運転しますか？

☐（1） 左側方にいる二輪車は、減速して自分の車の後ろにつくので、このまま左折する。

☐（2） トラックのかげに右折する対向車がいるかもしれないので、トラックが左折してから対向車や歩行者の動きに注意して左折する。

☐（3） 左側方にいる二輪車は合図に気づかず、自分の車が左折するときに巻き込んでしまうおそれがあるので、その動きに十分注意して左折する。

問92 時速40キロメートルで進行しています。高速道路の料金所に入るときは、どのようなことに注意して運転しますか？

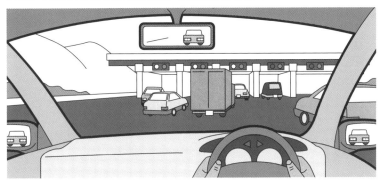

- □（1）左右の車は列に並んでいて自分の車の前に割り込んでくることはないので、このまま直進して料金所に入る。
- □（2）左右の車が自分の車の前に割り込んでこないように、急いで前の車との車間距離を詰める。
- □（3）いちばん左側の料金所がすいているので、そこに入るために急いでハンドルを切って進路を変える。

問93 交差点で右折待ちをしていたところ、対向車が止まってパッシングをしました。どのようなことに注意して運転しますか？

- □（1）対向車がせっかく進路を譲ってくれたので、待たせないようにすばやく右折する。
- □（2）右側の乗用車のかげで横断する歩行者がよく見えないので、よく確かめてから右折する。
- □（3）対向車のトラックのかげから二輪車などが出てくるかもしれないので、よく確かめてから右折する。

受験ガイド&試験コース

PART1 大型バス運転操作の基本

PART2 コース内課題 攻略テクニック

PART3 技能試験 減点適用基準表

PART4 学科試験 実戦問題と解説

問94 時速40キロメートルで進行しています。どのようなことに注意して
運転しますか？

- ☐ (1) トラックのかげから歩行者などが横断するかもしれないので、速度を
落とし、安全を確かめながら通過する。
- ☐ (2) 対向車がいないので、センターラインを越えて、そのままの速度でト
ラックの側方を通過する。
- ☐ (3) トラックのかげから歩行者などが横断するかもしれないので、横断歩
道の直前で一時停止し、安全を確かめてから通過する。

問95 時速40キロメートルで進行しています。どのようなことに注意して
運転しますか？

- ☐ (1) 後続車が追い越しをしようとしているが、自分の車の速度が遅いので、
速度を上げて追い越されないようにする。
- ☐ (2) 後続車が追い越しをしようとしているので、急ブレーキをかけて後続
車を早く先に行かせる。
- ☐ (3) 後続車が追い越しをしようとしているので、できるだけ左側に寄って
後続車に進路を譲る。

正解とポイント解説

問1✕　第一種免許、第二種免許、仮運転免許の3つに区分されています。

問2✕　図は「環状の交差点における右回り通行」を示す規制標識です。

問3○　病気や疲れなどで安全運転できないときは、その旨を事業者に申し出ます。

問4○　故障の場合は駐車に該当するので、駐車禁止場所に駐車してはいけません。

問5○　制限を超えた荷物を運ぶときは、赤い布（灯火）をつけなければなりません。

問6○　ほかの車に自分の車の存在を知らせるためにも、ライトをつけたほうが安全です。

問7○　正当な理由がないのに、進路変更してはいけません。

問8○　本標識が表示する交通規制の「終わり」を表します。

問9○　業務を交代するときは、道路や車の状況についての申し継ぎを行います。

問10○　右折か転回または右へ進路を変えようとするときの合図です。

問11✕　必ずしも一時停止や徐行する必要はなく、左側に寄って進路を譲ります。

問12○　運転に集中できず、情報を見落としやすくなり危険です。

問13✕　右折車は、直進車や左折車の進行を妨げてはいけません。

問14✕　「十形交差点」を表し、必ずしも警音器を鳴らして徐行する必要はありません。

問15○　旅客の安全を考え、あらかじめ声をかけて注意を促します。

問16○　危険を防止する目的であれば、警音器を使用することができます。

問17○　路線バスが近づいてきたときは、すみやかにほかの通行帯へ出なければなりません。

問18✕　250ccの二輪車の法定最高速度は、時速100キロメートルです。

問19✕　設問の場所は、追い越しだけでなく追い抜きも禁止されています。

問20○　「転回禁止の終わり」の標示を過ぎれば、転回してもかまいません。

問21✕　乾電池は、その量にかかわらず車内に持ち込むことができます。

問22✕　右方左方に関係なく、道幅が広いほうの車（一般原動機付自転車）が優先です。

問23○　負傷者がいる場合は、可能な限り応急救護処置を行います。

問24○　室内灯は、走行中バス以外の車はつけてはいけません。

問25✕　空走距離と制動距離を合わせたものが停止距離です。

問26✕　たとえ乗客の要望があっても、所定の乗務距離を超えて乗務してはいけません。

問27✕　青色の右向きの矢印信号では、車は右折と転回ができます。

問28✕　見通しのきかない交差点・曲がり角・上り坂の頂上を通行するときに鳴らします。

問29✕　荷台に乗せられるのは、荷物を見張るための必要最小限の人です。

問30✕　少々距離が長くても、わかりやすい道路のほうが道に迷わず短時間で着けます。

問31○　制動距離は速度の二乗に比例して大きくなるので、おおむね4倍になります。

問32○　図は「車両通行止め」の標識で、歩行者は通行できます。

問33✕　事業用自動車（660cc以下の普通貨物自動車を除く）の有効期限は1年です。

問34✕　高速道路を走行するときは、タイヤの空気圧をやや高めにします。

問35○　規制標識は本標識の1つで、その意味は設問のとおりです。

問36○　カーブの半径が小さいほど、遠心力は大きくなります。

第2回 学科試験問題　正解とポイント解説

問37○　歩行者用路側帯を表す標示で、歩行者だけが通行できます。

問38✕　路面に凹凸があることを表しています。

問39○　つねに旅客の安全を考え、慎重に運転しなければなりません。

問40○　交通事故を起こすと、本人だけでなく家族にも迷惑をかけることになります。

問41✕　一点を見つめて運転すると、ほかの情報が捕らえられずたいへん危険です。

問42○　道路の曲がり角付近では、必ず徐行しなければなりません。

問43✕　横断歩道や自転車横断帯とその前後5メートル以内は駐停車禁止です。

問44✕　「徐行」場所では、すぐ止まれる速度（時速10キロメートル以下）に落とします。

問45✕　運転手を含め乗車定員が6人（12歳未満の子ども3人＝大人2人）となるので、乗せられません。

問46✕　「大型乗用自動車等通行止め」の標識があるところは、乗車定員11人以上の中型乗用自動車も通行できません。

問47✕　どんな場合であっても、交通規則は守らなければなりません。

問48○　大型貨物自動車の法定最高速度は、時速90キロメートルです。

問49○　高齢の人は予想がつかない行動をとることがあるので、十分注意しなければなりません。

問50✕　「一方通行」を表し、車は矢印の示す方向の反対方向には通行できません。

問51✕　設問のような理由では、乗客を拒否することはできません。

問52✕　設問の場所は駐車禁止場所なので、停車をすることはできます。

問53○　ハンドブレーキには、引きしろに適切な余裕が必要です。

問54○　前方に横断歩道または自転車横断帯があることを示しています。

問55○　普通自動車では、故障車を2台までけん引することができます。

問56○　設問のような危険物を持つ人に対しては、乗車を拒否することができます。

問57○　「高さ制限」を表し、地上からの高さ（荷物を含む）を超える車は通行できません。

問58✕　自動車も道路の左側に寄って通行するのが原則です。

問59✕　右側部分にはみ出さなければ、追い越しをすることができます。

問60○　左側に寄るとかえって妨げとなる場合は、右側に寄って進路を譲ります。

問61○　安全地帯がある場合は、徐行して通行することができます。

問62○　黄色の実線のある車線（B）からは、進路変更してはいけません。

問63✕　前照灯を上向きにすると、かえって光が乱反射して見づらくなります。

問64○　「車線数減少」を表し、左端の通行帯が減少するので右へ車線変更します。

問65○　安全に運行するため、職務に関係ない不必要な話をしてはいけません。

問66✕　進路を変えようとする約3秒前に合図をします。

問67✕　660cc以下の普通自動車の法定最高速度は、時速60キロメートルです。

問68✕　規制標識、指示標識、警戒標識、案内標識の4種類が本標識です。

問69○　旅客自動車の運転者は、旅客のいる車内では喫煙してはいけません。

問70✕　駐停車禁止場所では、人の乗り降りのための停車もできません。

問71✕　距離は実際より遠く、速度は実際より遅く感じます。

問72✕　バッテリー液が不足しているときは、希硫酸ではなく蒸溜水を補充します。

問73✘ 状況判断力が低下して危険なので、カーナビゲーション装置などを注視してはいけません。

問74◯ 警察官が通行を制限しているときは、その指示に従わなければなりません。

問75✘ すみやかに旅客を誘導して退避させ、発炎筒などで列車に知らせます。

問76◯ 0.5メートルの部分（路肩）は崩れやすいので、通行が禁止されています。

問77✘ 一気に閉めると、半ドアになったり、手をはさんでしまったりすることがあります。

問78✘ マイクロバス（乗車定員11人以上）を運転するには、中型免許か大型免許が必要です。

問79◯ 身体の正面に対面する交通は、赤色の灯火信号と同じ意味を表します。

問80◯ 道路表示には、規制表示と指示標示の2種類があります。

問81◯ 停止前にドアを開けたり、ドアを開けたまま発進したりしてはいけません。

問82◯ 安全を確かめれば、一時停止しないで通行できます。

問83◯ 自宅に保管するのではなく、車に備えつけておかなければなりません。

問84✘ 状況判断力が低下して危険なので、携帯電話を手に持って使用してはいけません。

問85◯ 上り下りに関係なく、待避所がある側の車がそこに入って道を譲ります。

問86◯ 最高速度が指定されていない場合は、法定速度に従って運転します。

問87✘ 運転者1名、大人16人、子ども14人（大人換算）計31人なので定員超過です。

問88✘ レッカー車で故障車をけん引するときは、けん引免許は必要ありません。

問89✘ 高速道路で駐車するときは、つねに停止表示器材を置かなければなりません。

問90◯ 追い越しをするときは、原則として前の車の右側から追い越します。

問91

（1）✘ 二輪車は自分の車の後ろにつくとは限りません。

（2）◯ トラックのかげも十分注意しなければなりません。

（3）◯ 巻き込むおそれがあるので、動きに十分注意して左折します。

問92

（1）✘ 左右の車が自分の車の前に割り込んでくるおそれがあります。

（2）✘ 急いで車間距離を詰めると、急に割り込んでくる車と衝突します。

（3）✘ 急に進路を変えると、左後方からくる車と衝突するおそれがあります。

問93

（1）✘ 譲ってくれたとしても、安易に右折してはいけません。

（2）◯ 乗用車のかげをよく確かめてから右折します。

（3）◯ トラックのかげをよく確かめてから右折します。

問94

（1）✘ 横断歩道があるので、一時停止しなければなりません。

（2）✘ 歩行者などが横断するおそれがあります。

（3）◯ 一時停止して安全を確かめます。

問95

（1）✘ 追い越されるときは、速度を上げてはいけません。

（2）✘ 後続車に追突されるおそれがあります。

（3）◯ 左側に寄って安全に追い越しさせるようにします。

制限時間 50分
合格点 90点以上
配点
　問1～問90：1問1点
　問91～問95：1問2点
正解とポイント解説 ➡P.157～159

次の問題を読んで、正しいと判断した場合には□欄に○を、誤りと判断した場合には×をつけなさい。なお、問91～95は、(1)～(3)すべてが正解した場合にかぎり得点(2点)となります。

□**問1** 長距離を運転するときは、あまり細かい計画を立てると計画に捕らわれがちになるので、計画を立てないでその場に応じた運転をしたほうがよい。

□**問2** 図1の標識は、その場所が安全地帯であることを表している。

青　　図1

□**問3** 乗り合いバスは公共輸送機関であるから、歩行者用道路であっても許可なく乗客を乗せて徐行して通行することができる。

□**問4** 乗車定員29人乗りのマイクロバスは、中型免許を受ければ運転することができる。

□**問5** 坂の頂上付近やこう配の急な坂は、上りも下りも駐停車禁止の場所である。

□**問6** 図2のような道幅が異なる交差点では、普通自動車は路面電車の進行を妨げてはならない。

□**問7** 交通事故が発生したときは、たとえ軽いけがであっても、必ず警察官に届け出なければならない。

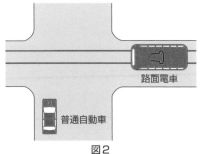
路面電車
普通自動車
図2

□**問8** 図3の標識は、自動車と一般原動機付自転車が通行できないことを表している。

□**問9** バスの運転者は、車内においては、旅客と絶対に話をしてはならない。

□**問10** 運転者は、自分本位の考えを捨て、譲り合いと思いやりの気持ちをもって運転するように心がける。

図3

□**問11** 対向車のライトがまぶしいときは、光を直視し、早く慣れるようにするのがよい。

□**問12** 車は、道路に面したガソリンスタンドに出入りするため歩道や路側帯を横切るとき、歩行者がいるときは直前で一時停止しなければならないが、歩行者がいないときは徐行して通過する。

問13 正面の信号が黄色の灯火のときは、原則として停止
位置から先へは進んではならない。

□ 問14 図4の標識は、この先に押しボタン式の信号機があ
ることを表している。

黄　図4

□ 問15 バスを運転して悪路<ruby>悪路<rt>あくろ</rt></ruby>で車が揺れるようなときは、事
前に乗客に注意を促しておけば、万が一事故が起き
ても運転者は責任を問われることはない。

□ 問16 路線バスの通行を妨げなければ、図5の標識がある
通行帯を普通自動車で通行してもよい。

□ 問17 横断歩道のない交差点やその近くを横断している歩
行者があるときは、警音器<ruby>警音器<rt>けいおんき</rt></ruby>を鳴らし、注意を促して
通行するのがよい。

青　図5

□ 問18 「だいじょうぶだろう」と自分に都合よく考えず、「ひ
ょっとしたら危ないかもしれない」と考えて運転を
するほうが安全である。

□ 問19 一般道路における大型自動車の法定最高速度は、け
ん引する場合を除き、時速60キロメートルである。

□ 問20 図6の標識があるところでは、標識の手前は駐車で
きないが、向こう側（背面）には駐車してもよい。

青

□ 問21 バスを運転して踏切を通過する際、車掌<ruby>車掌<rt>しゃしょう</rt></ruby>の誘導があ
れば、一時停止や安全確認をする必要はない。

□ 問22 後輪が横に滑<ruby>滑<rt>すべ</rt></ruby>ったときは、ブレーキはかけずに、滑
った方向の反対側にハンドルを軽く切って車の向き
を立て直す。

図6

□ 問23 図7の標識とパーキングメーターのあるところで駐
車するとき、午前8時から午後8時までの間は、
60分を超えなければパーキングメーターを作動さ
せなくてもよい。

□ 問24 見通しの悪い左カーブでは、センターライン寄りを
走行したほうがカーブの先を早く確認できるので安
全である。

青　図7

□ 問25 高速道路で故障などのため運転することができなく
なったとき、大型自動車や普通自動車は、車の後方
に停止表示器材を置き、夜間はあわせて非常点滅表
示灯か駐車灯または尾灯<ruby>尾灯<rt>びとう</rt></ruby>をつけなければならない。

□問26 図8の標示がある場所では、駐車も停車も禁止されている。

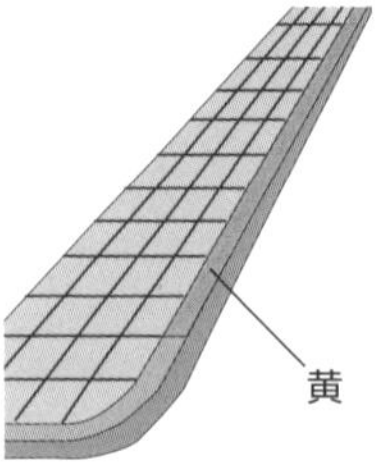

□問27 路線バスは、夜間道路を通行する場合、走行中も室内灯をつけなければならないが、タクシーの場合はつけてはならない。

図8

□問28 スタンディングウェーブ現象は、雨の日に高速で走行すると、タイヤと路面の間に水の膜ができ、ハンドルやブレーキが効かなくなることをいう。

□問29 車を運転するときは酒を飲んで運転してはならないが、ビールはアルコール分が少ないので、少しくらいなら飲んで運転してもよい。

□問30 普通免許を受けている人は、普通自動車のほか、小型特殊自動車と原動機付自転車を運転することができる。

□問31 交通事故の多くは、自分の技量を過信したり、ほかの交通を無視した速度の出しすぎなど、無謀運転によって起きており、自分だけでなく他人にも大きな被害を与えている。

□問32 図9の標識は、この先が工事中で通行できないことを表している。

□問33 18リットル缶の灯油をバスの車内に持ちこもうとした乗客がいたので乗車を断った。

□問34 駐車禁止の場所であっても、荷物の積みおろしの場合は、時間に関係なく止めることができる。

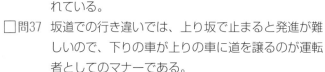

黄

図9

□問35 停留所に止まっている路線バスに追いついたときは、後方で一時停止し、路線バスが発進するまで待たなければならない。

□問36 図10の標識があるところでは、右側でも左側でも道路に面した場所に出入りするための横断が禁止されている。

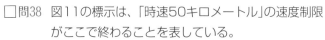

図10

□問37 坂道での行き違いでは、上り坂で止まると発進が難しいので、下りの車が上りの車に道を譲るのが運転者としてのマナーである。

□問38 図11の標示は、「時速50キロメートル」の速度制限がここで終わることを表している。

□問39 バスを運転して警報装置の設備がない踏切を通過する際、車掌がいれば、車掌の誘導を受けながら安全確認をして進行しなければならない。

黄

図11

□問40 タイヤがすり減っていると路面とタイヤの摩擦抵抗は小さくなり、制動距離は長くなるが、空走距離には影響しない。

□問41 自動車損害賠償責任保険や責任共済は、自動車は加入しなければならないが、一般原動機付自転車は加入しなくてもよい。

□問42 横断歩道を横断する人が明らかな場合でも、横断歩道の直前でいつでも停止できるように減速して進むべきである。

□問43 前の車を追い越すときは、前の車が右側に進路を変えようとしている場合を除き、その右側を通行しなければならない。

□問44 図12の標示は「停止禁止部分」を表し、この中で停止してはいけないことを示している。

□問45 バスを運転して横断歩道に近づいたとき、急に歩行者が見えたが、乗客がいたので警音器を鳴らしながらそのまま通過した。

□問46 踏切を通過する場合、踏切内では変速操作をしないで、発進したときの低速ギアのまま通過するほうがよい。

黄

図12

□問47 運転者は、乗車定員に含まれない。

□問48 有効期間の過ぎた免許証で運転すると、無免許運転の扱いを受けることになる。

□問49 車両通行帯が2つ以上ある高速自動車国道の本線車道では、トレーラーは最も左側の車両通行帯を通行しなければならない。

□問50 図13の標識があるところでは、横風が強いので減速するなどして、ハンドルをとられないように注意しなければならない。

黄　図13

□問51 タクシーを運転中、乗車の申し入れがあったが、正午をすぎて空腹だったので乗車を断った。

□問52 車両総重量3.5トン未満の貨物自動車は、普通免許で運転することができる。

□問53 図14のような場合、B車が先に交差点に入っているときは、A車より先に右折してもよい。

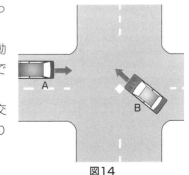

A

B

図14

☐問54 右折や左折の合図は、右折や左折をしようとする約3秒前に行う。

☐問55 夜間、車を運転するときは、黒っぽい服を着ている歩行者は見えにくく発見が遅れるので、注意が必要である。

☐問56 図15の標識をつけた車に対しては、危険防止のためやむを得ない場合を除き、側方へ幅寄せしたり、前方へ急に割り込んだりしてはならない。

図15　青

☐問57 旅客自動車の運転者は、坂道で車から離れるときや、安全な通行に支障がある場所を通過するときは、乗客を降ろさなければならない。

☐問58 車両通行帯のある道路で指定された区分に従って通行しているときは、緊急自動車が近づいてきても、進路を譲らずそのまま通行してもよい。

☐問59 「高齢運転者標識」をつけている車を追い越したり追い抜いたりすることは禁止されている。

☐問60 バスや路面電車の停留所の標示板（柱）から10メートル以内の場所は、人の乗り降りのためであれば、運行時間中であっても一般の車が停車することができる。

☐問61 自動車を使用するときは、やさしい発進や加減速の少ない運転を心がけて環境に配慮したエコドライブに努める。

☐問62 図16の標示は、普通自転車が交差点に進入することを規制したものである。

黄

☐問63 バスの運転者は、運転中、車の事故を発見しても運行を中止すると乗客の迷惑になるから、運行できる限り、運転を続けなければならない。

☐問64 図17の標識がある道路は、原則として車両の通行が禁止されているが、沿道に車庫を持つ車などは、警察署長の許可を受ければ徐行して通行することができる。

図16

☐問65 クレーンなどで故障車の前輪または後輪をつり上げてけん引する場合は、けん引免許が必要である。

☐問66 交通事故で困っている人を見かけたら、連絡や救護するなど、お互いに協力し合うように心がけることが大切である。

図17　青

☐問67 警察官が信号機の信号と異なった手信号をしていたので、信号機の信号に従った。

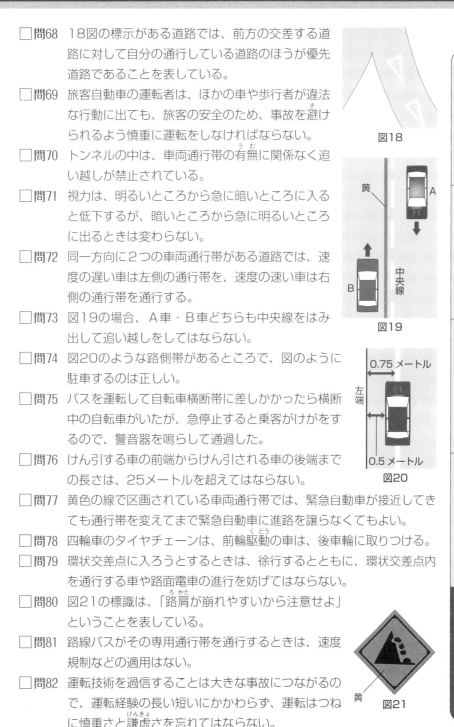

□ 問68 18図の標示がある道路では、前方の交差する道路に対して自分の通行している道路のほうが優先道路であることを表している。

図18

□ 問69 旅客自動車の運転者は、ほかの車や歩行者が違法な行動に出ても、旅客の安全のため、事故を避けられるよう慎重に運転をしなければならない。

□ 問70 トンネルの中は、車両通行帯の有無に関係なく追い越しが禁止されている。

黄

A

中央線

B

□ 問71 視力は、明るいところから急に暗いところに入ると低下するが、暗いところから急に明るいところに出るときは変わらない。

□ 問72 同一方向に２つの車両通行帯がある道路では、速度の遅い車は左側の通行帯を、速度の速い車は右側の通行帯を通行する。

図19

□ 問73 図19の場合、Ａ車・Ｂ車どちらも中央線をはみ出して追い越しをしてはならない。

0.75 メートル

左端

□ 問74 図20のような路側帯があるところで、図のように駐車するのは正しい。

□ 問75 バスを運転して自転車横断帯に差しかかったら横断中の自転車がいたが、急停止すると乗客がけがをするので、警音器を鳴らして通過した。

0.5 メートル

図20

□ 問76 けん引する車の前端からけん引される車の後端までの長さは、25メートルを超えてはならない。

□ 問77 黄色の線で区画されている車両通行帯では、緊急自動車が接近してきても通行帯を変えてまで緊急自動車に進路を譲らなくてもよい。

□ 問78 四輪車のタイヤチェーンは、前輪駆動の車は、後車輪に取りつける。

□ 問79 環状交差点に入ろうとするときは、徐行するとともに、環状交差点内を通行する車や路面電車の進行を妨げてはならない。

□ 問80 図21の標識は、「路肩が崩れやすいから注意せよ」ということを表している。

□ 問81 路線バスがその専用通行帯を通行するときは、速度規制などの適用はない。

□ 問82 運転技術を過信することは大きな事故につながるので、運転経験の長い短いにかかわらず、運転はつねに慎重さと謙虚さを忘れてはならない。

黄

図21

□問83 夕日の反射などによって方向指示器が見えに
くい場合には、方向指示器の操作とあわせて
手による合図をしたほうがよい。

□問84 図22のような手信号のとき、Aの矢印の方
向の車は停止位置で停止し、Bの矢印の方向
の車は進行することができる。

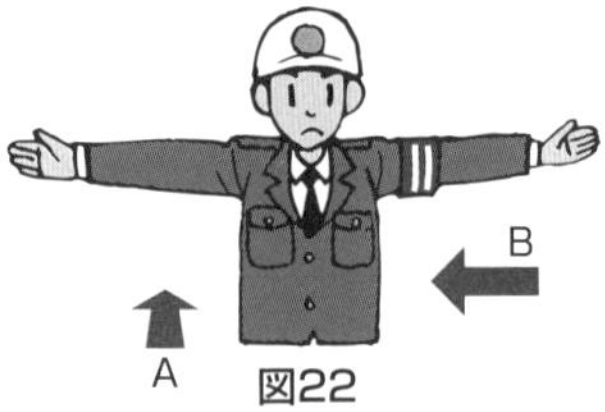

図22

□問85 こう配の急な上り坂は、徐行すべき場所である。

□問86 図23のような標示がある急なカーブでは、右側に
はみ出して通行できるが、対向車が来ることがある
ので注意しなければならない。

□問87 ペットの小動物を持った客は、バスに乗せてもよい。

□問88 見通しの悪い交差点では、危険を防止するため、で
きるだけ警音器を鳴らして通行したほうがよい。

図23

□問89 走行中、右にハンドルを切ると、右に飛び出そうと
する力が車に働く。

□問90 高速自動車国道の本線車道での大型自動車の法定最高速度は、すべて
時速100キロメートルである。

問91 時速40キロメートルで進行しています。交差点を直進するときは、
どのようなことに注意して運転しますか？

□(1) 青信号であり、車や歩行者などがいる様子もないので、とくに注意を
せずにそのまま進行する。

□(2) トレーラーは左折するため、自分が直進する進路にはとくに影響がな
いと思うので、そのまま進行する。

□(3) トレーラーは左折時の内輪差が大きく、前部を大きく右に振って左折
するかもしれないので、速度を落とし、動きに注意して進行する。

問92 時速40キロメートルで進行しています。どのようなことに注意して運転しますか？

- □（1）母親が子どもに声をかけて、子どもが急に道路に飛び出してくるかもしれないので、速度を落とし、子どもの動きに注意しながら進行する。
- □（2）対向車は、母親を避けるためにセンターラインをはみ出してくるかもしれないので、対向車の動きに注意する。
- □（3）右側の自転車は横断歩道を渡るかもしれないので、速度を落とし、自転車の動きに注意しながら進行する。

問93 時速40キロメートルで進行しています。どのようなことに注意して運転しますか？

- □（1）歩道にはガードレールがあり、安全に通行することができるので、そのままの速度で進行する。
- □（2）自転車は、歩行者などで歩道が通りにくいため車道に飛び出してくるかもしれないので、警音器を鳴らしてそのままの速度で進行する。
- □（3）自転車は、歩道が通りにくいため、車道に飛び出してくるかもしれないので、速度を落とし、動きをよく確かめてから進行する。

問94 時速30キロメートルで進行しています。どのようなことに注意して運転しますか？

□（1） 急げば対向車が接近する前に歩行者の側方を通過できると思うので、加速して進行する。

□（2） 対向車と行き違ってから歩行者の側方を通過するほうが安全なので、速度を落とし、左に寄って停止する。

□（3） 子どもが自分の車の前に飛び出してくるかもしれないので、警音器を鳴らしてそのままの速度で進行する。

問95 時速80キロメートルで高速道路を走行中、前の車が非常点滅表示灯をつけました。どのようなことに注意して運転しますか？

□（1） 前の車が急に速度を落として追突するおそれがあるので、急ブレーキをかけて速度を落とす。

□（2） 急ブレーキをかけると後続車に追突されるおそれがあるので、非常点滅表示灯をつけるとともに、ブレーキを数回に分けて踏む。

□（3） 非常点滅表示灯をつけた理由がわからず、ブレーキランプも点灯していないので、そのままの速度で進行する。

第3回学科試験問題
正解とポイント解説

問1✗　無計画な運転は、むだが多く疲労が増します。

問2○　図の標識は「安全地帯」であることを表しています。

問3✗　歩行者用道路は、原則として車の通行が禁止されています。

問4○　29人乗りのマイクロバスは中型乗用自動車なので、中型免許で運転できます。

問5○　こう配の急な坂は、上りも下りも駐停車禁止場所として指定されています。

問6✗　道幅の異なる交差点では広い道路を走る交通が優先で、設問の場合は普通自動車が優先です。

問7○　けがの度合いにかかわらず、必ず警察官に届け出なければなりません。

問8○　「車両(組合せ)通行止め」を表し、自動車と一般原動機付自転車は通行できません。

問9✗　職務に関係がある必要な話はすることができます。

問10○　自分本位の運転ではなく、譲り合いと思いやりの気持ちをもって運転します。

問11✗　対向車のライトを直視すると、かえってげん惑されて危険です。

問12✗　歩行者の有無にかかわらず、必ず一時停止しなければなりません。

問13○　停止位置に近づいていて安全に停止できない場合以外は、進むことができません。

問14✗　「信号機あり」を表しますが、押しボタン式の信号機とは限りません。

問15✗　乗客が負傷した場合などは、運転者は責任を問われることがあります。

問16✗　路線バス等の「専用通行帯」は、原則として、普通自動車は通行できません。

問17✗　警音器は鳴らさず、徐行や一時停止して歩行者の通行を妨げないようにします。

問18○　都合のよい判断をしないで、つねに危険を予測して運転します。

問19○　一般道路での大型自動車の法定最高速度は、けん引する場合を除き、時速60キロメートルです。

問20✗　「駐車禁止区間の始まり」を表し、標識の向こう側には駐車できません。

問21✗　たとえ車掌が誘導しても、一時停止や安全確認はしなければなりません。

問22✗　滑った方向にハンドルを軽く切って、車の向きを立て直します。

問23✗　午前8時から午後8時の間、パーキングメーターを作動させて60分以内の駐車ができます。

問24✗　センターライン寄りは対向車と衝突するおそれがあるので、左寄りを走行します。

問25○　夜間の場合は、停止表示器材とあわせて非常点滅表示灯などをつけます。

問26○　「駐停車禁止」を表すので、駐車も停車もしてはいけません。

問27○　タクシーの場合は、夜間走行中、室内灯をつけてはいけません。

問28✗　設問の内容は、ハイドロプレーニング現象のことを解説しています。

問29✗　たとえ少量のビールであっても、飲んだら運転してはいけません。

問30○　普通自動車のほか、小型特殊自動車と原動機付自転車が運転できます。

問31○　交通事故の多くは無謀運転によるもので、他人にも被害を与えます。

問32✗　「道路工事中」を表す警戒標識であり、通行できないわけではありません。

問33○　ガソリン、灯油など、危険な物品を持っている人を乗車させてはいけません。

問34✕　積みおろしの場合、5分を超えると駐車になるので止めてはいけません。

問35✕　安全が確認できれば、路線バスの側方を通過できます。

問36✕　道路の左側に面した場所に出入りするときは、横断することができます。

問37〇　坂道の行き違いは、下りの車が上りの車に道を譲ります。

問38〇　補助標示は、本標示が示す交通規制の「終わり」を表します。

問39〇　車掌がいる場合は、車掌の誘導を受けながら踏切を通過します。

問40〇　危険を感じ実際にブレーキが効くまでの距離（空走距離）には影響しません。

問41✕　一般原動機付自転車でも、強制保険には必ず加入しなければなりません。

問42✕　横断する人が明らかにいる場合は、一時停止して道を譲らなければなりません。

問43〇　車を追い越すときは、原則として前車の右側を通行します。

問44✕　「立入り禁止部分」を表し、この標示の中に入ってはいけません。

問45✕　注意を促すために警音器を鳴らしてはいけません。

問46〇　エンスト防止のため、変速しないで低速ギアのまま通過します。

問47✕　運転者も乗車定員に含まれます。

問48〇　有効期間が過ぎると免許の効力を失い、無免許運転になります。

問49〇　トレーラーは、最も左側の車両通行帯を通行しなければなりません。

問50〇　「横風注意」を表し、減速するなどして注意して走行します。

問51✕　旅客を乗車させることができないときは、回送板を掲示しなければなりません。

問52〇　車両総重量3.5トン未満、最大積載量2トン未満、乗車定員10人以下は、普通免許で運転できます。

問53✕　たとえ先に交差点に入っていても、直進（Ａ）車の進行を妨げてはいけません。

問54✕　右折や左折をしようとする30メートル手前で合図をします。

問55〇　夜間、車を運転するときは、歩行者にも十分注意して運転する必要があります。

問56〇　身体障害者マークをつけた車は保護して運転します。

問57〇　設問のようなときは、乗客を降車させなければなりません。

問58✕　通行区分に従う必要はなく、緊急自動車に進路を譲ります。

問59✕　幅寄せや割り込みは禁止ですが、追い越しや追い抜きは禁止されていません。

問60✕　設問の場所は駐停車禁止なので、運行時間中は停車してはいけません。

問61〇　やさしい発進や加減速の少ない運転は、環境に配慮したエコドライブにつながります。

問62〇　「普通自転車の交差点進入禁止」を表し、交差点に進入してはいけません。

問63✕　場合によっては運行を中止し、負傷者の救護などに進んで協力します。

問64〇　警察署長の許可を受けた車は、徐行して歩行者用道路を通行できます。

問65✕　設問の場合や故障車をロープでけん引する場合は、けん引免許は必要ありません。

問66〇　負傷者の救護、事故車両の移動などに進んで協力します。

問67✕　警察官と信号機が異なった信号をした場合は、警察官の手信号に従います。

問68✕　前方の交差する道路のほうが優先道路であることを表しています。

問69〇　つねに旅客の安全を考え、慎重に運転しなければなりません。

問70✕　車両通行帯のあるトンネルでは、追い越しは禁止されていません。

問71✕　暗いところから明るいところに出るときも、視力は低下します。

問72✕　速度にかかわらず、原則として左側の車両通行帯を通行しなければなりません。

問73✕　黄色の実線の引いてある側（Ｂ車）は、はみ出して追い越しをしてはいけません。

問74✕　路側帯の幅が0.75メートル以下の場合は、車道の左端に沿って駐車します。

問75✕　設問のようなときは、警音器を鳴らしてはいけません。

問76〇　けん引するときの全長の制限は、25メートル以内と定められています。

問77✕　車両通行帯に従う必要はなく、進路を変えて緊急自動車に進路を譲ります。

問78✕　四輪車のタイヤチェーンは、駆動輪側（設問の場合は前車輪）に取りつけます。

問79〇　徐行するとともに、車や路面電車の進行を妨げてはいけません。

問80✕　図は「落石のおそれあり」を表す警戒標識です。

問81✕　路線バスであっても、法定速度や規制速度を守らなければなりません。

問82〇　運転経験にかかわらず、慎重さと謙虚さを忘れてはいけません。

問83〇　方向指示器が見えにくい場合は、手による合図も行います。

問84〇　Ａの矢印の方向は赤色、Ｂの矢印の方向は青色の灯火の信号と同じ意味です。

問85✕　上り坂の頂上付近とこう配の急な下り坂が徐行場所です。

問86〇　「右側通行」を表し、中央から右側部分にはみ出して通行できます。

問87〇　盲導犬やペット類の小動物（犬や猫など）は、バスに乗せてもかまいません。

問88✕　警音器はむやみに鳴らさずに、前照灯などで合図します。

問89✕　遠心力は、ハンドルを切った方向とは反対側に作用します。

問90✕　大型乗用は時速100キロメートルですが、大型貨物は時速90キロメートルです。

問91

（1）✕　青信号でも、交差点の確認をして進行します。

（2）✕　トレーラーは左折のため前部を大きく右に振るおそれがあります。

（3）〇　速度を落とし、トレーラーの動きに注意して進行します。

問92

（1）〇　子どもの動きに注意し、速度を落として進行します。

（2）〇　対向車の動きに注意し、速度を落として進行します。

（3）〇　自転車の動きに注意し、速度を落として進行します。

問93

（1）✕　ガードレールの切れ目は安全とは限りません。

（2）✕　警音器を鳴らさず、速度を落として進行します。

（3）〇　速度を落とし、自転車の動きをよく確かめます。

問94

（1）✕　対向車や歩行者に接触するおそれがあります。

（2）〇　対向車と行き違うために、一度左に寄って停止します。

（3）✕　警音器は鳴らさずに、速度を落とします。

問95

（1）✕　急ブレーキをかけると後続車に追突されるおそれがあります。

（2）〇　ブレーキを数回に分けて踏み、後続車に注意を促します。

（3）✕　前の車は、前方が渋滞していて、減速することが考えられます。

PROFILE

ちょう しん いち
長 信一

1962年東京都生まれ。1983年、都内にある自動車教習所に入社。1986年、運転免許証にある全種類を完全取得。指導員として多数の試験合格者を出すかたわら、所長代理を歴任。現在「自動車運転免許研究所」の所長として、運転免許関連の書籍を多数執筆。『第二種免許完全合格問題集』『普通免許完全合格問題集』『原付免許完全合格問題集』(いずれも日本文芸社)など、手がけた書籍は180冊を超える。

STAFF

施 設 協 力	自動車安全運転センター 安全運転中央研修所
モ デ ル	長 信一
装丁デザイン	鶴田裕樹(I'll products)
本文イラスト	HOPBOX
	高木一夫
写 真 撮 影	平塚修二
	天野憲仁(日本文芸社)
編集協力・DTP	knowm

さいしんばん
最新版

おおがた に しゅめんきょ　かんぜんこうりゃく
大型二種免許　完全攻略

2021 年 9 月 10 日　第 1 刷発行
2024 年 10 月 1 日　第 3 刷発行

著　者	ちょう しん いち 長 信一	
発行者	竹村　響	
CTP製版	株式会社キャップス	
印刷所	株式会社光邦	
製本所	株式会社光邦	
発行所	株式会社 日本文芸社	

〒100-0003 東京都千代田区一ツ橋1-1-1 パレスサイドビル8F
乱丁・落丁などの不良品、内容に関するお問い合わせは
小社ウェブサイトお問い合わせフォームまでお願いいたします。
ウェブサイト https://www.nihonbungeisha.co.jp/

© Shinichi Cho 2021
Printed in Japan　112210830-112240920 Ⓝ03　(340004)
ISBN978-4-537-21919-7
編集担当　藤澤